SEXO SALVAJE

Ricardo Moure

SEXO SALVAJE

El kamasutra de la naturaleza

Prólogo de
Luis Piedrahita

la esfera ⊕ de los libros

Primera edición: marzo de 2025

© Ricardo Moure Ortega, 2025
© Del prólogo: Luis Piedrahita, 2025
© La Esfera de los Libros, S. L., 2025
Avenida de San Luis, 25
28033 Madrid
Tel. 91 443 50 00
www.esferalibros.com

ISBN: 978-84-1094-010-9
Depósito legal: M. 28.125-2024
Fotocomposición: Creative XML, S.L.U.
Impresión y encuadernación: Unigraf
Impreso en España-*Printed in Spain*

ÍNDICE

*Gracias a mis padres, que mezclaron su ADN
para crearme de una forma que prefiero no imaginar.*

*A Rudi, por llevar un año escuchando obscenidades
sobre sexo animal a un nivel inhumano de turra.*

*A los biólogos y las biólogas de campo que tanto trabajan
para salvar la belleza de un mundo que muere.*

*A mí mismo, porque soy una persona inaguantable
principalmente para mí.*

PRÓLOGO

¿EL AMOR NACE O SE HACE?

Dos adolescentes se miran y nace el amor. Cada uno de sus corazones zumba y se revuelve como un enjambre de abejas, ambos tienen mariposas en el estómago y sus huesos tremen como rellenos de hormigas. ¡Es la pasión!

Ha nacido el amor, pero... ¿El amor nace o se hace? En el caso de nuestros protagonistas ha nacido, pero ahora quieren hacerlo. Es normal. Quieren aullar como lobos, berrear como ciervos, himplar como panteras y, finalmente, dormir como lirones. A lo mejor mañana desayunan juntos como dos tortolitos, pero no es seguro.

Es la gran pregunta. ¿El amor nace o se hace? En el caso anterior, primero nació y luego se hizo. ¡Eso es algo tan del siglo XX!

Existe una segunda opción: dos adolescentes..., *match* en Tinder, dos cervecitas y ya están hincando como conejos. A lo mejor luego nace el amor, pero tampoco es seguro.

Unas veces el amor nace y luego se hace, y otras veces es al revés, cuando el amor se hace primero y nace después... Pero hay dos opciones más: cuando el amor se hace sin que nazca nada luego, que no está mal, o la otra, cuando nace el amor, calienta nuestro corazón, tensa la ballesta del ímpetu, pero luego no se hace nada de nada y esa flecha se queda sin disparar. Este último es muy doloroso y ha inspirado el 90 por ciento de la poesía romántica del siglo XIX. Todas las opciones son buenas, pero seguimos sin contestar a la pregunta.

¿El amor nace o se hace? Hay ríos de tinta y horas de *podcasts* sobre el tema, sin embargo, si queremos entender por qué nuestro corazón zumba y se revuelve como una colmena y por qué tenemos mariposas en el estómago, lo mejor es preguntar a un biólogo. Por eso existe este libro, porque Ricardo Moure es la criatura idónea para responder a las cuestiones de lo humano y lo marrano. ¿Por qué? Pues porque él es ambas cosas. Me refiero a que es humano y es biólogo. Solo Ricardo, que es un estudioso del tema, puede explicarnos por qué himplamos como panteras cuando hincamos como conejos. Solo Ricardo nos lo puede explicar, pero no porque él lo haya hecho, sino porque lo ha estudiado.

Insisto. Si usted quiere saber cómo aman las plantas, los hongos, los insectos, los mamíferos y los cuñados, no lo dude, ¡este es su libro! Un libro escrito por Ricardo Moure, la única criatura del planeta que es mitad planta, mitad hongo, mitad insecto, mitad mamífero y nada cuñado.

LUIS PIEDRAHITA

INTRODUCCIÓN

i este ejemplar ha llegado a tus manos no es porque hayas decidido tirar el dinero comprando un libro escrito por un biólogo con pinta de sietemesino que se disfraza de pollo en la tele para hablar de ciencia con ciertos toques de escatología. Tampoco es porque alguien se haya visto obligado a hacerte un regalo por algún absurdo compromiso (como el maldito amigo invisible o simplemente por una nueva vuelta del planeta alrededor del sol) y al leer la palabra «sexo» en la portada lo haya comprado sin dudarlo porque te considera una persona degenerada y con la mentalidad de un adolescente en plena efervescencia hormonal. Tampoco lo estás leyendo porque seas uno de los múltiples exligues, caballeros despechados y deseosos de mi amor que dejé durante mis años de soltería y te has hecho con él para que te lo firme en una presentación con la esperanza de que surja de nuevo la llama de la pasión. Cari, ahora que ya has pagado tus veinte euros te digo que eso no va a pasar. Lo siento, pero no se admiten devoluciones. 😊

Si me estás leyendo ahora mismo es porque hace 3.800 millones de años se juntaron un gurruño de membranas y un buen trozo de ADN para formar a LUCA, el primer ser vivo. No se llama así porque los biólogos tengamos espíritu de papi moderno de Malasaña que pone a sus churumbeles el nombre más de moda. LUCA es el acrónimo de «*last universal common ancestor*», que podemos traducir a la lengua de Cervantes como «último antepasado común universal». Y se llama así porque no sabemos nada de él, salvo que absolutamente todos los seres vivos que cubren ahora mismo la faz de la Tierra somos sus descendientes. Desde las bacterias que viven en las profundidades de las fosas oceánicas alimentándose de sulfuros y metales hasta las esporas que surcan los cielos a las alturas que vuelan los aviones. Desde la levadura más diminuta a la ballena más grande y desde las plantas comedoras de luz a los grandes felinos de las sabanas africanas deseosos de carne. Todos, absolutamente todos los seres vivos, somos descendientes de LUCA.

Y la verdad es que ser su tataratataratataranieto es una responsabilidad enorme, porque significa que desde que ese *moñoño* de membranas y ácidos nucleicos apareció, todos sus descendientes se han ido reproduciendo generación tras generación hasta llegar a ti. Al principio dividiéndose en dos. Pero desde hace unos 2.700 millones de años lo hacen mezclando su material genético en ese fenómeno conocido como sexo. Así que si decides no traer churumbeles a este mundo superpoblado estarás rompiendo una línea sucesoria de varios miles de millones de años que nos ha hecho pasar de ser unas pobres bacterias habitantes de fumarolas submarinas a unos monos calvos capaces de crear la inteligencia artificial o de dominar el átomo. Y todo con un fin: perpetuar nuestros genes.

Y de eso va este libro, de las virguerías que hacemos los seres vivos por pasar nuestros genes a la siguiente generación y dejar un legado que continúe otros tantos millones de años más.

Ay, el sexo... Un fenómeno que ha hecho caer imperios, declarar guerras y hasta hacernos ir al gimnasio. ¿Quieres saber por qué he escrito un libro sobre sexo? Pues principalmente porque el sexo vende y yo soy pobre. Que la gente se cree que los que salimos en la tele somos ricos y nanay del Paraguay. Los científicos televisivos solo nos hacemos ricos si vendemos nuestra alma a empresas que destruyen el medioambiente y salimos diciendo que no, que son superverdes, que no contaminan nada, que los ecologistas son peores que el cambio climático y que destrozar un bosque o una marisma llena de aves para construir una mina de materiales para hacer móviles que la gente va a tirar al año o un club de tenis donde los pijos engominados puedan hablar de sus negocios es buenísimo para la biodiversidad y superchupiguay para el ecosistema. Porque no hay nada que le guste más a una garza que ver el tenis mientras se baña en un buen residuo minero.

Pero dejando de lado mi espíritu de naturaleza vengativa y mi ecoansiedad, decirte que la principal razón por la que este libro va de sexo es porque sé que es un tema que te va a hacer disfrutar y echar alguna carcajada a la vez que te la meto doblada y te llevo a aprender sobre las reglas básicas de la biología. Este es un libro sobre biología, pero no es un manual de biología. No es un libro de curiosidades para leer en el baño, pero no es un libro aburrido. Este es un libro para que te despiporres de risa a la vez que descubres las maravillas que esconde la naturaleza en su entrepierna.

Tranquilo o tranquila, que te llevaré por los derroteros de la biología con mucho cariño, amor y un poco de lubricante. Si eres una persona con muy poca formación científica o a la que la biología le suda un pie, decirte que he hecho un gran esfuerzo para que cualquiera pueda entender todo lo que cuento y reírse a barriga suelta gracias a un montón de animalitos, hongos y plantas bastante salidorros. Si ya sabes bastante de biología e incluso has estudiado esa carrera que nos une a Ana Obregón, a Rachel Carson y a un servidor, te garantizo que estas páginas van a resultarte un anecdotario de seres vivos, historias y comportamientos de los que poco habrás oído hablar. Seas quien seas, hagas lo que hagas, este libro te va a molar.

Aunque yo sea muy de «jajás» y a veces te pueda resultar hasta un poco soez, en estas páginas he tratado de plasmar todo el amor que siento por la biología, una rama del conocimiento que creo que va mucho más allá de lo académico y permea cada poro e inunda cada inspiración de aquellos que hemos sido llamados por vocación a esta carrera. Creo que los biólogos y las biólogas somos como caballeros Jedi con bata de laboratorio y botas de montaña. ¿Y de sable láser? La pipeta, por supuesto. Y siempre bien calibrada y dispuestos a chupetear un poco de ADN.

Y ya que estamos con el *frikeo*, recuerdo que en *El retorno del rey*, última entrega de *El Señor de los Anillos*, hay una frase que me estuvo resonando un tiempo. Elrond, señor de los elfos y suegro del guapazo de Aragorn (que lo interpretaba Viggo Mortensen haciendo una maravillosa mezcla entre un modelo de pasarela y un indigente), le entregaba la espada de sus ancestros y le decía: «Cada sendero que has recorrido a través de bosques y guerra te ha conducido a este momento. Sé para lo que has nacido». Vamos, gallina de piel con esa escena. Pues creo que me pasa un poco lo mismo con este mi primer libro. Hasta este lugar me han traído un montón de recuerdos y vivencias que siempre han estado ligados de alguna forma a la ciencia, los seres vivos y las líneas que escribe la vida, generación tras generación: mis padres llevándome a ver los animales que nuestros ancestros pintaron en las paredes de las cuevas hace miles de años; el miniRicardo cogiendo bichitos en el jardín de su casa y leyendo las guías de anfibios y reptiles; cuando una profesora del instituto me animó a no decir chorradas por preguntar si en otros planetas podría haber vida basada en el silicio en vez de en el carbono; mi primer día en la Facultad de Biología de la Universidad de Salamanca, años con sus amoríos en el césped del campus; cuando me quemé el flequillo con el mechero bunsen en el laboratorio de microbiología; las horas buscando frailecillos, ballenas y auroras boreales en Islandia; las risas, frustraciones, experimentos fallidos, resultados prometedores y patatas sabor berberecho que compartí con mis compis de tesis en Barcelona; cuando después de cinco años me dijeron que ya era doctor; cuando la reina Letizia me dio un premio por divulgar con salero; cuando Buenafuente y Berto me enseñaron cómo era posible hacer reír y enseñar a las tantas de la madrugada; cuando trabajé en cierto hospital de Barcelona y descubrí el lado más rancio de la academia y que a los centros de investigación se les llena la boca diciendo que sus científicos tienen que divulgar, pero cuando lo hace alguien joven aplican ese maravilloso refrán de «clavo que sale, pide martillo»; cuando me llamaron para hacer un par de secciones en *Órbita Laika* y al final me quedé seis años haciendo la mamarracha, o cuando empecé a tener algo de dinero y pude viajar por el mundo para descubrir las maravillas que esconden el fondo del mar, lo más profundo de las selvas y lo alto de las montañas.

Todo mi amor por las ciencias de la naturaleza y de la vida está aquí metido. Y ese amor no es poco. Es mi *horrocrux* particular con un buen trocito de mi alma. Así que, aunque leas mucha guarrada, mucho chorrazo, mucho *froti froti* y palabras tan técnicas y científicas como huevada o chichi, detrás de todo esto hay un ya no tan joven biólogo que utiliza la risa y el chiste tonto para contagiarte su amor por la biología cual Covid en una cena de Navidad.

Si has llegado hasta aquí sin arrepentirte de haberme soltado tus veinte euros, solo puedo decirte esto: relaja y disfruta practicando con fruta.

Que no, que es broma... Que disfrutes y aprendas.

I
¿MANTITA Y PELI
O FORNICIO
SIN DESCANSO?

LA SUPERVIVENCIA DEL MÁS SEXI

Nunca te has preguntado por qué hay especies animales en las que machos y hembras se parecen lo que un huevo a una castaña? Gallinas zen como un monitor de yoga y de plumaje más soso que un bocata de pepino y gallos llenos de colores brillantes y de mala leche; gorilas espalda plateada el doble de grandes que las hembras, leones macho melenudos, ciervos con astas, aves del paraíso cuyos machos mueven enormes penachos mientras les bailan a hembras de colores suaves para suplicarles un poco de amor... Incluso los humanos, entre quienes los machos solemos tener barba y pelo en el pechote y las hembras caderas más anchas, facciones más suaves y senos protuberantes.

Al hecho de que existan diferencias entre los individuos de distintos sexos se le conoce como dimorfismo sexual y es propio de especies donde la competencia por el sexo es más fuerte que un vinagre de cooperativa. Sé que después de semejante afirmación la gente está intrigadísima hasta niveles insostenibles: gente llorando por la calle, manifestaciones para que lo explique, saqueos, caos... Pues voy al turrón.

Las características de los animales que son diferentes entre machos y hembras suelen deberse a un fenómeno llamado selección sexual. Para entender la selección sexual hay que hablar de un animal maravilloso que volvió loco a Darwin cuando estaba preparando la teoría de la evolución: el pavo real. Más concretamente, los machos de pavo real. Qué maravilla de animal. Tiene tanta fantasía que a Darwin no le encajaba en sus teorías y le dio bastantes dolores de cabeza explicar su existencia.

Darwin hablaba de la selección natural, de la supervivencia del mejor adaptado. Es decir, de la supervivencia del que consigue comer y no ser comido. Y los pavos reales no son muy rápidos, les cuesta bastante echar a volar y digamos que no tienen demasiadas luces. Nunca fueron los más listos de su clase. Pero, aun así, llevan una cola gigante de colores que atrae a cualquier depredador. Cuando la abren parecen decir: «Ven, cómeme. ¡Hasta tengo brilli brilli!». Vamos a ver, que los pavos reales viven en la India, ¡¡que allí hay tigres!! Si yo fuera a esos bosques lo último que haría es ir vestido de *drag queen* gritando «aaahaaa».

Pero esa cola les da a los machos de los pavos reales un atractivo irresistible, las pavas se vuelven locas. Es decir, por culpa de su atrezo es más fácil que se los meriende un tigre, pero también es más fácil que liguen, que mojen el pizarrín y que tengan pavitos.

¿Y eso es la selección sexual? Pues sí. Siempre nos han dicho que la selección natural, el motor de la evolución, se basa en las probabilidades que tenga un individuo de sobrevivir. Eso es mentira, la evolución depende de quien tenga más posibilidades de reproducirse. Obviamente, para reproducirse viene muy bien sobrevivir, pero también es importante estar buenorro, estar *hot*, ser guapo, ser Ryan Gosling.

Por eso millones de años de evolución han llevado a que un montonazo de especies desarrollen partes del cuerpo o comportamientos cuyo único cometido es el de atraer a las hembras, como las colas de los pavos reales o los bailecitos de las aves del paraíso, pero también otras adaptaciones que sirven para mantener bien lejos a los machos rivales o darles una buena tunda si fuera necesario. Ejemplos de ello son la pedazo de musculatura que tienen los cachas de los gorilas (que están mamadísimos), las astas de los machos de ciervo o las señales olorosas que dejan los gatos y que les sirven para marcar su territorio y alejar a los competidores. Marcas que, si eres un inconsciente que no ha esterilizado a su gato, seguro que has podido disfrutar en tu propio hogar.

Espero que seas una persona con la conciencia de género propia del siglo XXI y estés pensando que soy un machistorro con un sesgo de género brutal porque solo estoy hablando del género masculino. Te prometo que no, que yo soy muy *woke* y que te vas a hartar de mis comentarios progres en lo que te queda de libro. Si estoy hablando principalmente de los machos es porque a las hembras esto de la selección sexual les afecta bastante menos. Fíjate, por ejemplo, en las aves. En un montón de especies (como el ejemplo de los pavos reales) el macho tiene un plumaje espectacular y las hembras, algo sobrio. O en los primates como nosotros, donde la selección sexual hace que los machos tendamos a ser algo más grandes y a desarrollar más masa muscular.

¿Sabes por qué a los machos nos afecta más la selección sexual? Porque los machos no importamos nada. Ahora no es que odie a mi propio género, que aunque hay mucho machirulo insoportable y demasiado fife deseoso de ostentar su virilidad, creo que la mayoría de los hombres somos bastante majetes. El problema es que en este mundo hay machos de sobra. Bueno, más que sobrar machos lo que sobran son espermatozoides. El mundo está lleno de espermatozoides (y así nos va). Los machos producimos millones de células sexuales, de espermatozoides, cada día. No tenemos límites, así que son un recurso poco valioso por lo abundante. Con unos pocos machos bastaría para mantener una población capaz de reproducirse.

Pero las hembras producen un número muy limitado de óvulos. Las mujeres que me estáis leyendo ahora mismo sois el claro ejemplo: una vez al mes, en cada menstruación, perdéis un óvulo. Y cuando se acaban, llega la menopausia. De hecho, cuando las mujeres nacéis, ya lleváis las células precursoras de vuestros óvulos. De alguna forma, cuando una madre da a luz a una niña, también pare a sus futuros nietos y nietas. La verdad es que es bonito verlo así...

Pero volviendo a lo poco que valen los espermatozoides. Vosotras, las mujeres, producís un óvulo al mes. Nosotros al mes no podemos ni calcular la cantidad de millones de espermatozoides que creamos y desechamos en pañuelos, calcetines extrañamente rígidos o duchas sospechosamente largas. Los óvulos son un recurso valiosísimo y los espermatozoides, un mojón.

Y si los óvulos son tan caros es por una sencilla razón, que son muuuucho más grandes. Un óvulo humano tiene un volumen unas 85.000 veces mayor que el del espermatozoide. Piensa que el óvulo tiene que llevar todo lo necesario para generar un embrión en el caso de ser fecundado. Para ello tiene que contener un montón de maquinaria celular para dividirse a lo loco y orgánulos para obtener energía (como mitocondrias). Pero también va a tener que estar cargadísimo de alimento y contener las reservas necesarias para nutrir a las células durante las primeras etapas del desarrollo embrionario, antes de que se una bien al útero y pueda recibir alimento de su madre. Bueno, y eso si hablamos de mamíferos placentarios; en el caso de los animales que ponen huevos, la yema debe contener todo el alimento que el nuevo animalito va a precisar durante todo el desarrollo embrionario hasta su nacimiento. Esto es extremo en el caso de los reptiles y de las aves, porque esos enormes huevos de gallina con los que hacemos tortillitas son, en esencia, un óvulo. Un óvulo gigante cuya yema alimenta al embrión, cuya clara le sirve de camita y cuya cáscara lo protege y permite el intercambio de gases con el exterior. De hecho, los huevos que comemos son las menstruaciones de las gallinas ponedoras. Fíjate lo cruel que es la evolución que ha convertido a seres similares a tiranosaurios y velocirraptores en pájaros gordos con cuyas menstruaciones nos hacemos tortillas e incluso mojamos sus pechugas en sus propias menstruaciones para rebozarlas...

Volviendo a lo tochos que son los óvulos, si el sexo fuera economía, los espermatozoides no valdrían nada y los óvulos serían carísimos. Los óvulos serían un casoplón en pleno barrio de Salamanca y los espermatozoides un chicle pegado en el suelo. En la naturaleza los óvulos son un producto gourmet mientras que los espermatozoides son marca blanca... De ahí que a los machos nos afecte más esto de la selección sexual, porque somos demasiados y tenemos que competir por reproducirnos. Por eso en muchas especies los machos son más grandes (como los gorilas) o tienen armas (como las astas de los ciervos), porque de este modo se pegan entre ellos y en cada generación se reproduce el que ha repartido más leña, así que evolucionan hacia el borriquitinismo. O por ese motivo los pavos machos son tan espectaculares, porque cada generación se reproducen los más bonitos. Es como una especie de carrera armamentística de belleza y de ser bruto.

Te diré que, en el caso de los humanos, los hombres también tenemos características que aparecen por selección sexual. Un ejemplo es la barba, que no solo da belleza y puede hacernos parecer más rudos, sino que incluso hay teorías que sugieren que surge durante la evolución para protegernos de los puñetazos de otros señoros haciendo de amortiguador de los golpes. Pero también hay otros caracteres fijados por selección sexual que afectan tanto a hombres como a mujeres, como (chan chan chan) los ojos azules. Ahora mismo, el 10 por ciento de la humanidad tiene los ojos azules. Pero haciendo estudios genéticos se ha visto que todas esas personas con ojos azules son descendientes de un primer ser humano con ojazos que vivió hace tan solo entre 6.000 y 10.000 años. ¡¡Eso no es nada!! Se cree que se expandieron tan sumamente rápido por sexis. Esas gentes que llevaban los ojazos de Paul Newman o de Liv Tyler se hincharían a frunjir y fueron esparciendo sus genes por el mundo a base de miraditas que acaban en darle al fornicio como si no hubiera mañana.

Y esto lo escribe una persona cuya familia paterna es toda de ojos azules y la materna de verdes y que ha tenido la desgracia de nacer con los ojos color caca.

En esto de la selección sexual se puede decir eso de que unos nacen con estrella y otros nacemos estrellados...

RAFIKI, CARAPITOS Y LAS MARAVILLAS DEL DIMORFISMO SEXUAL

L a competencia entre machos por dejar descendencia y la susodicha selección sexual nos han traído maravillas a este planeta. Algunas son de estética un poco discutible, como las narices con forma de bulbo de los elefantes marinos, que son un colgajo que sirve tanto para darles miedito a los otros machos como para atraer a las chatis. Otras son bonitas, pero poco prácticas, como es el caso de los cangrejos violinistas, que tienen una de las pinzas enorme y absolutamente desproporcionada para su tamaño. Algo bastante incómodo, pero que le sirve para hacerse el macarra. Otras directamente son una preciosidad, como los bailecitos de los machos de los manakin, unos pajaritos que viven en las zonas tropicales de Centroamérica y de América del Sur y que se coordinan entre ellos para bailar unas coreografías mucho mejores que las que hacíamos las chicas y los niños mariquitas en el cole para imitar a la Spice Girls (nota importante, yo hacía de Geri Halliwell). Aunque esos bailes poco tienen que envidiar a los de la araña pavo real, que durante el cortejo muestra los increíbles colores de su abdomen, que recuerdan al susodicho pavo del que ya hemos hablado. Y tampoco a los brincos y saltos de los machos de gacela de Thomson con los que exhiben su vigor y salud a las hembras. De hacerse el chulo y ser guapo va el asunto.

Pero la selección sexual también ha sido capaz de hacer que los organismos desarrollemos a lo largo de los milenios de marranerío características un poco..., no sé cómo describirlas: ¿bizarras?, ¿frikis?, ¿estrafalarias? Un ejemplo son las geladas, unos monetes de la familia de los babuinos que viven en las llanuras altas de Etiopía y que son bastante poco amigables. Su característica más llamativa es que en el pecho tienen una zona sin pelo que deja ver una piel rosa y brillante con forma de triángulo, como si llevaran una calva de adorno. Una calva que parece una loncha de salmón ahumado y que recuerda a cierta parte muy íntima de las hembras... En los primates que viven en llanuras, como estos o como nuestros antepasados cuadrúpedos, el mayor atractivo sexual de las hembras son sus genitales. El macho tiene fijado a fuego en su cerebro que ver los genitales de la hembra por detrás mientras esta está a cuatro patas le vuelve loco de amor. Pero las geladas pasan la mayor parte del tiempo sentadas, por lo que sus cuartos traseros quedan ocultos y dejan de poner a los señores geladas a toda mecha. ¿Qué ha hecho la evolución? Pues ponerles en el pecho una «imitación» del potorro visto desde atrás. No solo parece una vulva, sino que, además, cuando la hembra está fértil su pecho se enrojece y se llena de un líquido viscoso que imita el flujo vaginal. Vamos, que las geladas tienen un collar de pavo en los pechotes.

A este fenómeno en el que un animal tiene réplicas de sus partes pudendas en otros lugares del cuerpo se le llama autoimitación sexual, y es un rasgo fijado por la selección sexual porque hace a los bichos irresistiblemente sexis.

Y hay unos parientes muy cercanos de las geladas que juegan a este truco de forma maestra: los mandriles. ¿Te acuerdas de Rafiki? Era ese mono tan majo de *El rey león* que bautizaba a Simba y lo alzaba en brazos sobre un acantilado, como hizo Michael Jackson con su bebé hace años desde un hotel. Aunque al menos a Rafiki no se le escurría y no llamó la atención de los servicios sociales de medio mundo. Si haces memoria, recordarás que este simpático mandril con pinta de tener síndrome de Diógenes tenía la cara de unos colores rojo y azul muy brillantes. No es que se hubiera pintado, sino que es algo real y propio de los machos de esta especie. Pero no solo tienen la cara de colores, sino que su pene también es rojo chillón y su escroto es como moradete o azulado. Es decir, que los machos de mandril tienen la cara y la merendola de los mismos colores porque se ve que ser un «carapolla» es un atributo que las hembras adoran. Podemos afirmar sin tapujos que la cara de Rafiki es un Mortadelo. Siento haberte destrozado la peli.

Pero ¿a que no adivinas qué animales son los reyes de la autoimitación sexual? ¡Nosotros! Concretamente la mitad de la especie humana: las mujeres. O eso es lo que teorizó el zoólogo y etólogo Desmond Morris en su mítico libro *El mono desnudo*, donde, entre otras cosas, se dedicó a reflexionar sobre las tetas, lo cual podría ser el oficio soñado de un *incel*.[1] ¿Alguna vez te has preguntado por qué las mujeres tienen pechos protuberantes? Es obvio: para

---

[1] *Para los* boomers, *aclarar que un* incel *(del inglés* «involuntary celibate»*, célibe involuntario) es un muchacho incapaz de tener relaciones románticas o sexuales a pesar de desearlo, y que considera que tener sexo es un derecho que le niegan las mujeres, a quienes culpa de su soledad, desarrollando actitudes misóginas y machistas. Porque ¿para qué van a reflexionar sobre el asco que les dan a las mujeres los tíos machistas que se dedican a insultarlas en redes sociales y cuya*

dar leche. Pero en el resto de primates y en casi todos los mamíferos las hembras solo tienen así los pechos cuando están embarazadas o dando de mamar; el resto del tiempo serían un estorbo a la hora de correr, cazar, etc. Porque, que no te engañen siglos de una visión machista y sesgada de la ciencia, las mujeres prehistóricas cazaban y sus huesos están tan plagados de fracturas y golpes provocados por las cacerías como los huesos de los hombres.

Pero vayamos más atrás todavía. Cuando nuestros antepasados caminaban a cuatro patas por la sabana, al igual que les pasaba a las geladas, los machos se fijaban en la zona trasera de las hembras. No sé si has visto a una hembra humana en posición cuadrúpeda, pero no deja nada a la imaginación: dos nalgas redondeadas (en su día con un callo de piel muy grueso para sentarse en el suelo ardiente de la sabana) y la vulva completamente visible. Nuestros tataratataratatarabuelos tenían ese estímulo fijado a fuego en sus cerebros, era ver eso y se volvían locos de amor. Al comenzar a caminar aquello ya quedó un poco escondido, pasamos a relacionarnos de frente y además los glúteos de la hembra ya no quedaban a la altura de la cara. ¿Y qué hizo la evolución al respecto? Pues ponerles a las mujeres una réplica de las nalgas delante y más cerca de la vista de los machos. Lo que vino a decir el señor Desmond Morris es que las tetas son culos, pero delante. ¿Podemos probar la hipótesis? Difícilmente. ¿Tiene sentido? Bastante. ¿Podría ser una machirulada de un señoro que quería teorizar sobre culos y tetas? También puede ser.

Ahora hay hipótesis sobre el origen de las tetas basadas más en mandangas fisiológicas que en elucubraciones

---

principal actividad vital es dejar comentarios de mierda en redes sociales y ver vídeos de cryptobros?

con ciertos toques de viejo verde, como la que relaciona su aparición con el aumento de grasa corporal que sufrieron nuestros antepasados para que pudiéramos ser más listos que una ardilla en otoño. Hace unos dos millones de años, nuestros antepasados *Homo ergaster*, empezaron a acumular más grasa subcutánea que sus antepasados. Vamos, que empezaron a echar lorzas y michelines con un fin muy claro: alimentar un cerebro gordo como un truño. Los estrógenos están muy relacionados con cómo almacenamos energía en el cuerpo, y a ver si adivinas dónde tienen las mujeres un montonazo de receptores de estrógenos. ¡En los pechos! Así que las tetorras pudieron aparecer simplemente como un producto secundario de que almacenáramos grasa para ser gente bien lista, aunque luego tuvieron una función relacionada con el sexo. Y no solo con atraer al sexo opuesto, ojito, que tanto los estudios científicos como las propias muchachas nos dicen que a ellas sus tetas les dan mucho gustirrinín durante el fornicio. Y si una actividad es satisfactoria, se realiza más. Y cuanto más fornicio, más bebés.

Así que ahora te voy a meter un palabrejo de biólogo: exaptación, un proceso evolutivo en el que una estructura o rasgo, que originalmente evolucionó para cumplir una función específica, es posteriormente aprovechado para desempeñar una función diferente. Como las plumas, que seguramente aparecieron para que los dinosaurios estuvieran calentitos y terminaron sirviendo para volar, o las pilas de petaca, que aparecieron para alimentar al mando del coche teledirigido y terminaron siendo usadas para que las chupasen niños tontos como yo porque hacían cosquillas. Niños y niñas, nada de chupar pilas, que luego acabáis como yo escribiendo libros sobre culos y tetas.

HUEVOS DE MONO

Dejamos la autoimitación sexual y las teorías no demostrables sobre tetas y continuamos con el maravilloso mundo de los genitales de mono. Porque a los monos podemos decirles algo del tipo: «Dime qué huevos tienes y te diré quién eres», ya que el tamaño de los genitales masculinos de los primates puede indicarnos si les va el amor libre o si son de mantita, peli y boda.

Voy a pedirte que trates de imaginar en tu cabeza los genitales de tres especies de primates. Sé que no es el mejor plan de lectura imaginarte unos escrotos arrugados y demasiado parecidos a los de los humanos como para sentirte cómodo y, a la vez, lo bastante diferentes como para que no te den un poco de asquete. Por eso quiero que los imagines utilizando varios alimentos que simulan su tamaño: unas aceitunas, unos huevos de gallina y unas nueces.

Las aceitunas representan los testículos de un gorila; los huevos, los de un chimpancé, y las nueces, los de un ser humano hecho y derecho. ¿No te llama la atención algo? El gorila tiene unos huevecillos pequeñísimos, que eso da pena verlo. Tienen un diámetro de tan solo unos 2 centímetros, frente a los 4 del chimpancé. Y eso a pesar de que un gorila macho puede llegar a pesar 200 kilos y un chimpancé apenas llega a 70 (y dando gracias). ¿Por qué? Pues porque los chimpancés le dan al amor libre, copulan todos con todos y por tanto hay competencia sexual. Es decir, como las hembras copulan con muchos machos, cuantos más espermatozoides produzca un macho, más probabilidades tiene de que la descendencia sea suya. A este fenómeno se le llama competencia espermática, es decir, que no solo hace falta ser el más guapo y resultón para copular y dejar descendencia, sino que en muchas especies hay tanto marranerío que la hembra junta espermatozoides de varios machos y hay competencia para ver cuál es el futuro padre de las criaturitas. Y cuantos más espermatozoides haya metido un mono en una mona, más papeletas tiene de ser papi. Esa competencia por ser quien deja descendencia ha provocado que la selección sexual haya llevado a los chimpancés (y a sus primos pigmeos, los bonobos) a tener unos testículos muy grandes y capaces de producir muchos espermatozoides. A los gorilas no les pasa eso porque en el grupo solo hay un macho adulto, el espalda plateada. En vez de tener unos testículos grandes para producir muchos espermatozoides, la selección sexual ha propiciado que los gorilas machos sean muy grandes, estén muy musculados y sean muy brutos para darse mamporros con los machos rivales. Por eso ellos tienen esos huevecillos, pero lo compensan dando hostias como panes.

Los chimpancés y los bonobos no solo tienen los testículos más grandes por la competencia espermática, también tienen unos penes un poco raros: su miembro viril (además de nombres mil) tiene espinas. ¿Sabes para qué? No es para hacer daño ni para nada relacionado con el sadomasoquismo; es para arrastrar el posible semen que haya de otro macho y tener más posibilidades de ser los que fecunden. Es como la escobilla de limpiar la flauta.

Y si esto te ha dado cosica, prepárate para traumatizarte, porque los humanos también tenemos un as en la manga para rebañar semen de chichis: nuestro glande con forma de seta. Esta maravilla que parece una escultura modernista, esa serpiente de un solo ojo, tiene la forma perfecta para arrastrar fuera del conducto vaginal el semen de otros machos. Digamos que el glande sirve para rebañar. Esta marranada evolutiva, junto al hecho de que nuestros testículos también tienen un tamaño bastante apañado en comparación con el tamaño de nuestro cuerpo, nos indica que tenemos adaptaciones a un mundo con una buena dosis de selección sexual y de competencia espermática. Es decir, que probablemente a lo largo de nuestra evolución hemos sido de chuscar todos con todos y todas con todas durante miles de generaciones. Somos más chimpancé que gorila, más de fornicio que de boda y más de amor libre que de monogamia.

Déjense de bodas y abracen el poliamor. Eso sí, con cuidado, que la gonorrea no es un animal mitológico, ni las ETS son como los Pokémon, no hace falta hacerse con todas.

CHICHIS TAPONADOS Y COMPETENCIA ESPERMÁTICA

Hemos visto las preciosidades evolutivas que la competencia espermática ha creado en nosotros, los monetes, dotándonos de glandes rebañadores de semen o unos genitales masculinos con un tamaño bastante decente. Pero esta competencia se complica muuuucho más en animalitos como insectos, aves o reptiles. ¿Por qué? Pues porque las hembras tienen la capacidad de almacenar esperma.

En nuestro caso y el del común de los mamíferos, la fecundación se produce en las horas o días posteriores a la cópula (el polvete) y la eyaculación (el chorrazo). Pero en muchas especies de insectos, aves y reptiles existen órganos especializados en los que las hembras pueden almacenar el esperma varios días, meses e incluso años y usarlo cuando más les convenga.

En el caso de los insectos, las hembras poseen unos órganos especializados conocidos como espermatecas (como una biblioteca, pero con esperma en vez de libros), donde se almacena el esperma antes de que se produzca la fertilización de los óvulos. Estas estructuras están preparadas para mantener los espermatozoides en un estado viable incluso mucho después del apareamiento. Como en el caso de las pobres hormigas reina, que chuscan una vez en su vida y se pasan unos treinta años bajo tierra poniendo huevos fecundados por el mismo señor hormiga.

En las aves, el esperma se almacena en unas estructuras especializadas llamadas túbulos espermáticos y que están en la unión entre el útero y la vagina. A veces son estructuras supersimples, como unos saquitos, pero otras son una auténtico laberinto ramificado a rebosar de corridas. Estos túbulos conservan los espermatozoides vivitos y coleando para que puedan ir fecundando los huevos según los vaya desarrollando la hembra. Que las pájaras no ponen todos los huevos de golpe porque les daría un patatús, así que los van desarrollando, fecundando y poniendo a lo largo de varios días hasta completar su nidada. En la mayoría de las aves, los espermatozoides permanecen viables en los túbulos espermáticos durante aproximadamente 10 días. Sin embargo, en algunas especies, como las gallinas, este tiempo puede extenderse hasta 40 o 50 días.

Claro, un esperma que se guarda tanto tiempo y que puede ir usándose en diferentes momentos es un concepto muy valioso para cualquier macho que quiera propagar sus genes. El macho que ponga en esos depósitos la mayor cantidad posible se asegura una buena descendencia, pero, además, que el esperma esté almacenado abre la posibilidad de que un macho pueda manipular las espermatecas o los túbulos y cambiar el esperma almacenado por el suyo. Por ese motivo los machos de muchísimas especies de animalitos han desarrollado mecanismos muy locos (y un poco obscenos) para asegurarse ser los papis de la siguiente generación de bichejos y, sobre todo, ser el último que deja su esperma ahí dentro. ¿Por qué? Porque en esta pringosa competencia se suele cumplir una norma: la de la prioridad o preferencia del último macho. Es decir, que cuando una hembra copula con varios machotes, quien tiene más posibilidades de engendrar los retoños es el último macho que haya puesto su zumito ahí.

Una de las técnicas que ayuda a lograr el objetivo al último macho es la eliminación del semen del macho anterior, algo que ya hemos visto antes que hacen (o hacemos) muchos primates gracias a la forma del glande. Pero no somos los únicos. Las libélulas y los caballitos del diablo tienen unas estructuras en el pene con forma de cepillos y de ganchos que sirven para extraer el esperma de otros machos cual escobilla de váter limpiando unos derrapes fecales. Los geckos, ese grupo de reptiles de los que en España tenemos las salamanquesas, esas lagartijillas que se pasean por las noches por muros y fachadas, sacan el esperma de otros machos usando uno de sus penes. Sí, has leído bien. Digo «uno de sus penes», porque tienen dos. Aunque se les llama hemipenes porque comparten la base, así que son más bien un pene bífido. Usan uno para un primer mete-saca que sirve para extraer el regalito del macho o machos anteriores, y luego ya meten el segundo para eyacular y tratar de fecundar.

Otros animales extraen el «pastel» de formas más sutiles y hasta sexis. Los machos de las moscas de la carroña *Dryomyza anilis*, famosos por ser muy territoriales y por proteger piezas de carroña para atraer a las hembras y seducirlas, les hacen un masajito en el abdomen a las hembras durante la cópula para que expulsen el esperma de sus anteriores amantes. Me parece precioso que un señor te seduzca con una rata muerta para darte un masaje. Es puro romanticismo.

Los grillos tropicales de la especie *Truljalia hibinonis* también hacen unos preliminares sexuales destinados a eliminar el esperma añejo de otros bichos. En su caso, mordisquean y rechupetean los genitales femeninos para ir sacando restos de esperma de otros machos con su propia boca, y se los comen. Has oído bien, se comen el *petisuí* de macho que ha dejado otro. Esto no solo les permite eliminar el esperma para meter el suyo, sino que además les da un aporte extra de energía para compensar el gasto que suponen el cortejo y la cópula. Es como cuando alguien de Tinder te invita a cenar después de haber echado la «siesta» juntos.

Otros seres son un poco menos sutiles. Por ejemplo, los acentores comunes (*Prunella modularis*), unos pájaros que son bastante habituales en España, tienen una vida sentimental bastante compleja en la que abundan los tríos de una hembra y dos machos. En esta tesitura en la que ambos machos quieren dejar cuanta más descendencia mejor, se dedican a boicotear la paternidad el uno del otro. Para ello, los machos de los acentores picotean la cloaca (que es una estructura anatómica de las aves por donde cagan, mean y follan) y la estimulan hasta que la hembra expulsa el semen que pudiera tener almacenado. Aunque menos sutiles todavía son los machos del gorgojo del algodón (*Anthonomus grandis*), que eyaculan tan tremendamente fuerte que sacan el esperma que pudiera tener almacenado la hembra. Es una mezcla entre una eyaculación y una lavativa. Es un bidé de leche.

En muchas especies no se eliminan los espermatozoides de los machos anteriores, ni se rebañan los chichis, ni se chupetean las cloacas ni nada parecido. Algunas especies han optado por la estratificación, un mecanismo de competencia espermática en el que los espermatozoides se organizan dentro del tracto reproductivo de la hembra según el orden de las inseminaciones. Generalmente, los espermatozoides del último macho desplazan a los de apareamientos anteriores hacia zonas menos favorables para la fertilización, funcionando como un sistema de «último en entrar, primero en salir». En otras palabras: imagina las estructuras en las que las hembras de aves o insectos guardan el esperma como si fueran un vaso. Si vas vertiendo eyaculaciones en un vaso (dios, qué horrible ha quedado eso) la última estará arriba del todo y será la primera en ser utilizada. Tanto los túbulos de las aves como las espermatecas de los insectos son como esos vasos guarrindongos.

Aunque la estratificación parezca menos compleja y mucho más *light* que lo de sacar el pastel del otro a chorrazos o con una escobilla, es bastante efectiva. Los machos de chinche de agua gigante (*Abedus herbeti*) la utilizan y el último macho en copular es el padre del 99 por ciento de la descendencia. Los machos de escarabajo enterrador (*Necrophorus vespilloides*) también confían en este método y le suman el copular varias veces seguidas con la hembra para que el vaso de eyaculaciones ya rebose: el último llega al 92 por ciento de éxito. Y otras que lo usan son las gallinas, en las que el último gallo suele asegurarse la paternidad de los pollitos si copula con la hembra al menos cuatro horas después que el macho anterior. Si no se esperan esas cuatro horas, se mezcla todo el pastel y habrá pollitos de ambos, pero cuantos más espermatozoides tenga un gallo, más posibilidades tendrá de engendrar más pollitos que el otro.

Que ya que hablamos de gallinas y gallos, hay que decir que una de las técnicas que tienen los machos para asegurarse de ser el último y que nadie fecunde a la hembra después que ellos es la de quedarse por ahí vigilando. Otros animalejos lo que hacen es echar quiquis extremadamente largos, como los insectos palos, entre los que encontramos a los del género *Diapheromera*, que pueden estar pegados entre 3 y 136 horas. Si ese polvete te parece larguísimo porque tú eres de los de echar uno rápido y a *mimir*, te vas a quedar loco al leer que las parejas del insecto palo indio *Necroscia sparaxes* pueden llegar a permanecer unidas 79 días. Eso es tener mucho vicio o ser unos melosos cansinos.

Pero las técnicas de competencia espermática y de selección sexual que me dejan loco de atar son las de los ratones y sus tapones vaginales. Cuando los ratones eyaculan, además del semen, liberan una secreción pegajosa que solidifica rápidamente y que tapona la vagina para que la hembra no pueda darle a la fornicación con otros machos y para que no chorree la crema pastelera y los espermatozoides se queden ahí dentro. Este tapón suele durar unas 24 horas y luego se deshace, pero a veces no dura ni unos minutos porque las hembras son muy espabiladas y es bastante habitual que se lo coman como si fuera el cigarrito de después. La verdad es que no creo que esté muy rico, pero tiene una receta interesante: fibrina y fibrinógeno para solidificar a lo bestia, bien de enzimas coagulantes, grasas y carbohidratos para darle consistencia y estabilidad y, como aderezo, una buena dosis de feromonas que les indiquen a otros machos que esa empanadilla ya tiene relleno y que no pierdan el tiempo. Una receta exquisita y un poco *Master Chof*.

Los machos de ratones tienen una competencia por dejar descendencia que es brutal. Recuerda que te expliqué que los espermatozoides son muy poco valiosos. Si los nuestros valen poco, imagina el escaso valor que tienen los de unos seres cuya estrategia como especie es engendrar el mayor número de individuos lo más rápidamente porque a la gran mayoría se los van a merendar los depredadores o incluso sus propios congéneres, que los ratones no le hacen asco al canibalismo y tienen una afición perturbadora a comerse unos a otros. Sobre todo a sus bebés, que debe ser que así rositas tienen consistencia de osito gominola. El caso es que su competencia por la paternidad no se reduce solo al momento de la fecundación, sino que se extiende incluso durante el embarazo. Cuando una hembra de ratón embarazada huele a otro macho en su zona que no es el que la ha fecundado, aborta espontáneamente. El olor de otro macho produce una serie de cambios hormonales en su cuerpo que interrumpen el embarazo, hacen que los ratoncitos que se están gestando mueran y que sean reabsorbidos por el cuerpo. A este fenómeno se lo conoce como «efecto Bruce» en honor a su descubridora, la zoóloga británica Hilda Margaret Bruce.

Aunque pueda parecer bastante cruel, este aborto es el mal menor y salva a las crías de una muerte horrible, y a la madre de un esfuerzo absurdo. Cuando un macho nuevo llega a un territorio, mata a las crías que se encuentre para que su madre vuelva a entrar en celo y así ser él el padre de la nueva generación de ratones. De este modo, ese olor del nuevo macho es una señal para el cuerpo de la hembra que advierte de la llegada de un nuevo individuo y produce una caída en picado de la progesterona, una hormona clave en el embarazo. Si esto no sucediera, la hembra tendría que gastar una energía brutal en terminar la gestación de sus crías, parirlas y comenzar la lactancia para que enseguida sean asesinadas por el nuevo macho. Así la hembra se ahorra todo ese tinglado. Además, como reabsorbe a las crías, recupera parte de la energía que ha gastado en lo que lleve de gestación.

El efecto Bruce también ha sido descrito en unos animales de los que hemos hablado antes, las geladas, los monos esos que tienen un chichi en el pecho. Esta especie crea grupos formados por un macho dominante y unas doce hembras que constituyen su harén. Rondando por el grupo siempre suele haber machos solteros esperando su oportunidad para derrocar al macho dominante. Si alguno lo consigue, se carga a todas las crías lactantes para que las hembras vuelvan a ponerse en celo. Solo a las lactantes; deja tranquilas a las crías destetadas porque la lactancia inhibe el celo. Ante un mundo tan cruel, las geladas también han desarrollado a lo largo de la evolución el efecto Bruce. Si un nuevo macho se hace con el control del grupo, las hembras embarazadas abortan y se ahorran el gasto energético. Un gasto, por cierto, que sería terrible porque el embarazo de una hembra de gelada dura seis meses.

La verdad es que el infanticidio y los abortos no es que sean la forma más animada de terminar un capítulo que era más bien graciosete y muy obsceno, así que voy a arreglarlo hablando de las arañas que se cortan sus propios órganos sexuales. Antes de que te agarres la entrepierna de dolor, tengo que decirte que los machos de las arañas no usan el pene durante la cópula. Producen una tela de araña un poco especial que se colocan en su apertura genital (porque las arañas no tienen pene), vierten sobre ella unas gotas de esperma y lo absorben con los pedipalpos. Se trata de dos apéndices que tienen en la parte anterior del cuerpo, justo delante de las patas delanteras y flanqueando los quelíceros (los colmillitos). Los suelen usar para manipular presas y alimentarse, pero también los utilizan para darse algún mimito durante el cortejo y los machos también los emplean para fecundar a la hembra. En el extremo de los pedipalpos tienen unos ganchitos llamados bulbos copulatorios, que son los que absorben el esperma y que luego clavan en la abertura genital femenina para introducirlos en la espermateca, junto al esperma de otros machos.

Las hembras de las arañas practican la poliandria (vamos, que copulan con unos cuantos tipejos de ocho patas) y son capaces de almacenar esperma. Por lo que los machos padecen los estragos de la competencia espermática y deben adaptarse a ella. Pero no pueden quedarse un rato con ella, ni alargar la cópula ni tampoco entretenerse extrayendo los espermatozoides que haya dejado otro macho. Todo por un pequeño detallito: las arañas son caníbales. De hecho, son de los animales más dados al canibalismo sexual, con hembras mucho más grandes y fuertes que los machos y que no van a dudar ni un segundo en zampárselo a poco que tengan algo de gusa. En algunas especies la cópula es rapidísima, como es el caso de las arañas de jardín (*Argiope aurantia*), cuyos quiquis duran entre 3 y 4 segundos porque el macho sale de allí cagando leches. Pero otras arañas, como las ermitañas (*Nephilengys malabarensis*), van más allá en esto de asegurarse la paternidad sin ser devoradas, y es que meten el pedipalpo en la abertura genital femenina y se desprenden de él. El pedipalpo se queda ahí dentro echando y echando esperma mientras el macho huye despavorido y de paso tapona la abertura genital para que la hembra no pueda copular con otro macho. La deja sin merienda caníbal y sin nuevos novios. ¡Asco de araños! ¿Es que nadie empatiza con esa pobre araña que lo único que espera de una tarde tonta es tener sexo y merendarse a su amante? Comerse a los *onvres* está infravalorado.

GALLOS CONTRA PATOS Y OTROS GENITALES «FANTABULOSOS»

Si cuando era un adolescente friki, que vivía rodeado de figuritas de Warhammer, guías de anfibios y reptiles y gusanitos mientras hablaba por el Messenger, me hubieran dicho que hoy estaría escribiendo sobre genitales raros del mundo animal, habría sido muy feliz. Es en estos momentos en los que me alegro de haberme quedado a una centésima de la nota de corte para entrar en Medicina. Uf, quién quiere interaccionar con seres humanos pudiendo escribir sobre penes bífidos o pitos disparables.

Y es que el mundo natural nos ha regalado una gama de genitales que es un bufé libre de maravillas de todas las formas, colores y olores. Bueno, lo de los olores lo supongo, porque no tengo muchas ganas de olerle los bajos a una ardilla. Que, por cierto, son de esos animales con unos testículos enormes en relación son su cuerpo porque le dan al amor libre. Algunas especies de ardillas incluso orinan después de tener sexo para limpiar la uretra de posibles patógenos causantes de infecciones de transmisión sexual. Algo que tengo que aclararte es que no funciona en humanos, así que menos pis y más condones.

He dicho que hay genitales de todas las formas y colores, pero también de todos los sonidos. Y es que existen unas chinches acuáticas, las de la especie *Micronecta scholtzi*, que cantan con el pene. Lo frotan contra su abdomen y, a pesar de ser unos bichitos que no llegan a los 2 milímetros y de que su picha mide solo 50 micrómetros, son capaces de emitir cantos a unos 80 decibelios, el equivalente a un tren de mercancías pasando a tu lado. Eso sí, el 99 por ciento del sonido se pierde al salir del agua. Menos mal, porque si no acercarse a un río sería un conciertazo de penes inaguantable.

Usar el pene para hacer música me parece algo superbonito al lado de lo que hacen algunas especies de gusanos planos y su esgrima de penes, porque con ese nombre tiene que ser bueno. Estos gusanos son hermafroditas, tienen tanto genitales masculinos como femeninos. Pero como no les gusta embarazarse porque conlleva un gasto de energía enorme, pelean con sus penes a ver quién consigue clavarle su miembro viril con forma de daga al adversario para embarazarlo. *Touché*...

También hay incluso quienes se reproducen a misilazos. Es el caso del pulpo argonauta (*Argonauta argo*), una especie en la que el macho es muchísimo más pequeño que la hembra, y, en vez de pene, tiene un apéndice llamado hectocótilo que está llenito de bolsas de esperma y que dispara como un misil. El pulpito tiene que apuntar bien, pero el hectocótilo tiene cierta capacidad de movimiento para llegar hasta la hembra. Esta forma de reproducción a distancia es tan extraña que en el pasado se creía que los hectocótilos que se encontraban en las hembras eran parásitos y no una especie de cohete cefalópodo lleno de bolsas de esperma.

Si vamos a las formas, ya te comenté antes que muchos lagartos y serpientes tienen una especie de pene bífido. Cuentan con dos hemipenes que son una cosa muy práctica: a veces uno se usa para quitar el semen de otros machos y el otro para fecundar, en otras ocasiones emplean uno mientras el otro descansa e incluso puede servirles para poder copular en distintas posturas. Un *Kamasutra* reptiliano en toda regla. Pero si te crees que eso de tener la picha doble es cosa de bichos raros con escamas, tengo que decirte que hay mamíferos con el pene bífido: los marsupiales. Aunque bien pensado, esos sí que son seres raros de narices, con riñonera incorporada... En esta fantasía de animales australianos, el pene suele bifurcarse en dos. Canguros, zarigüeyas o koalas tienen el pene con doble cabeza. ¿Por qué? Pues porque las hembras tienen tres vaginas, ¡toma ya!: dos a los lados para la fecundación y una en medio para parir a las criaturitas.

Y ya que estamos hablando de koalas, no sé si sabes que una de las causas de que estos animales se consideren una especie vulnerable y que en algunas zonas de Australia estén en peligro de extinción es una infección de transmisión sexual. Aparte de sufrir los efectos de la deforestación, la fragmentación de su hábitat, los ataques de perros y ese cambio climático en el que algunos mendrugos no creen pero que asola Australia con sequías e incendios cada vez más violentos, los koalas se enfrentan a una epidemia de clamidia. Esta enfermedad bacteriana, al igual que en humanos, puede llegar a causar esterilidad en las hembras. Algo que hace que todos los retos ya mencionados para su supervivencia sean mucho más graves, ya que las poblaciones tienen problemas para recuperarse. Por otro lado, tratar a los koalas con antibióticos no es fácil porque destrozan su flora intestinal, la cual necesitan intacta para poder alimentarse. Los koalas comen eucalipto, que es bastante tóxico, por eso tienen una flora intestinal muy muy especial que heredan de su madre. Para ello, los bebés koala bajan hasta el culete de su madre y lamen su cloaca, estimulando que ella libere algo llamado papilla fecal (mira que soy guarro, pero al escribir ese nombre me ha dado una arcada) y que ellos comen con esmero porque está cargada de esa microbiota que les permitirá comer eucalipto como si lo fueran a prohibir.

Como dijo Carl Sagan: «¡Volvamos a los penes!». Bueno, no creo que dijera nada parecido nunca, pero me hacía ilusión citarle... Hay unos penes con los que podemos aprender mucho sobre las leyes que regulan la biología y la evolución de la reproducción. Concretamente los penes de las aves. Bueno, o los no penes. Porque el 97 por ciento de las especies de aves no tienen *pichurra*. Solo 3 de cada 100 especies de aves tienen pito, y encima, algunas de ellas son de las mejor dotadas del reino animal. Esta extraña dicotomía entre pájaros con pene o sin pene podemos entenderla con dos animalitos que todos conocemos desde nuestra más tierna infancia: los gallos y los patos.

Los gallos no tienen pene. Sus antepasados lo tuvieron y lo perdieron, que es algo que podemos ver durante su desarrollo embrionario. Y es que los embriones de pollo sí que tienen p*lla. Comienzan a desarrollarla y, de repente, se activa un gen, el Bmp4, que provoca en las células de la punta del pene un programa de suicidio celular, y este apéndice se va al garete. Vamos, que se les suicida la punta del cipote...

Por otro lado, tenemos a los patos. Algunas especies de estas aves tampoco tienen pene, pero otras no solo lo tienen, sino que encima es enorme y con forma de hélice. Pero lo más curioso es que la razón por la que los gallos y otras aves no tienen falo mientras que los patos tienen un *polloncio* enorme y con forma de sacacorchos es la misma: que las hembras puedan elegir al padre de sus hijos.

Para las gallinas, las patas y cualquier ave, la maternidad es algo tremendamente costoso a nivel energético. Engendrar y poner un huevo, con todo ese material para alimentar al embrión durante todo su desarrollo y encima perder minerales para crear la cáscara, es un esfuerzo absolutamente titánico. Imagina ahora hacer eso con cinco o seis huevos y añádele hacer el nido y criarlos, que aunque en eso también suele participar el macho, la hembra tiene que acometer esta faena después de haberse comido la primera parte del proceso. Esa maternidad pajaril gasta tantos recursos que las aves no quieren que el padre de sus polluelos sea un cualquiera ni un mindundi. No se quedan con el primero que les dé mandanga. El problema es que los machos de algunas especies de aves son muy muy pesados y no paran de tratar de copular con ellas. Y aquí tenemos lo que se conoce como un conflicto sexual, dos sexos con intereses contrapuestos: los machos deseosos de fornicar con el mayor número de hembras para dejar mucha descendencia y las hembras decididas a ser fecundadas únicamente por los machos que les parezcan más aptos y con mejor genética. ¿Cómo ha resuelto la evolución este conflicto? Pues dejando a los gallos sin cipote y dándoles a algunos patos uno de aúpa. Parece una locura, pero te lo voy a explicar.

Las patas han evolucionado hasta tener una vagina como un laberinto: curvas, recovecos, giros, falsos finales... El chichi de las patas parece una prueba del *Grand Prix*. Gracias a esta vagina-fantasía, si están dándole a las picardías con un pato pero no quieren que este sea el padre de los patitos, aprietan un poco la chirla y el pene se queda a medio camino, no llega al final y a veces es hasta expulsado. Pero, ojito, porque los machos también han evolucionado para poder sortear esa vagina laberíntica. ¿Cómo? Teniendo el pene con forma de sacacorchos, capaz de desplegarse a una velocidad de vértigo. Así, el pene actúa como si fuera una especie de taladro que gira con una rapidez infernal para entrar en esa vagina tan complicada. Pero la cosa no queda aquí, porque este conflicto sexual ha llevado a una carrera armamentística entre machos y hembras. Que los machos desarrollan un pene sacacorchos que gira hacia la izquierda... Pues las hembras hacen que su *chochamen* gire para el otro lado, por lo que la vagina de las patas voltea hacia la derecha. En esta competición podemos decir que patos y patas están empatados, jeje. No, ahora en serio. Es tan brutal esta carrera armamentística que se llegan a generar adaptaciones extremas como la del pato zambullidor argentino (*Oxyura vittata*), que tiene un pene sacacorchos de 40 centímetros. Y encima argentino, a ver quién lo aguanta...

Los gallos y gallinas y el resto de las aves sin pene han resuelto este conflicto entre sexos de un modo mucho más pacífico y probablemente más eficaz, de lo contrario no sería tan abundante. Machos y hembras copulan haciendo un poco de *froti froti* de cloacas. La cloaca es una estructura anatómica común a varios grupos de vertebrados, incluidos anfibios, reptiles y algunos mamíferos. Es un orificio único que sirve como punto de salida para los sistemas digestivo, urinario y reproductivo. Es como un intercambiador que hace que estos bichos caguen, meen y follen por el mismo sitio. Un poco guarrada, pero a ellos les va bien así. Para que el macho pueda fecundar a la hembra, las cloacas deben unirse en lo que la zoología llama «beso cloacal», un nombre que me parece precioso y que me recuerda a cuando mi madre me contó que cuando yo era pequeño y veía a dos animales copulando gritaba: «¡¡Mira, se están besando por el culo!!». El beso cloacal no es fácil. Para que la cloaca masculina, que no deja de ser un agujerito, pueda acertar a introducir el semen en la cloaca femenina, ambas cloacas deben de estar muy muy bien alineadas. Eso solo se consigue si la hembra le pone mucho mucho empeño, por lo que solo habrá fecundación si ella está realmente muy interesada en que ese macho sea el padre de sus polluelos. ¿Que no le convence el macho? Pues se hace un *froti froti* cloacal, pero coloca sus partes pudendas de forma *regulinchi* y no recibe esperma. Más listas que nadie, las pájaras...

EL ATAQUE
DE LA RANA MARRANA

a que estamos hablando de machos que son unos pesados y unos intensos, cómo olvidar un maravilloso estudio científico publicado en octubre de 2023 en la revista *Royal Society Open Science* y que llevaba como título «¡Hazte la muerta! Evitación de pareja femenina en una rana de reproducción explosiva», y que viene a decir que las hembras de rana común (*Rana temporaria*) se hacen las muertas para evitar a los machos que no les gustan.

Te voy a explicar esta noticia porque tiene todavía más chicha de la que parece. Las ranas comunes (o ranas bermejas) solo se reproducen durante unos 10 días al año (que ya es más que yo), así que van salidísimas, sobre todo los machos. En la mayoría de las especies de ranas, los machos se pegan por el territorio, tienen su parcelita donde cantan sus canciones de rana y es la hembra quien elige al que más le gusta, y va a su terreno a chuscar. Es como un Tinder de *croac croac*.

Pero los machos de rana bermeja no son territoriales, por lo que no se pegan hasta que llega la hembra. ¿Qué problema hay? Que se pegan con ella en medio. Cuando una hembra aparece en la charca, se lanzan todos los machos encima para ver quién es capaz de fecundar los huevos que va poniendo. Pero es que se lanzan en plan melé y forman lo que se llama bolas de apareamiento, que son un *moñoño* de machos de rana que aplastan a una pobre hembra que se queda en medio flipando en colores.

Ella va poniendo huevos y ellos van tratando de fecundarlos y se van peleando entre ellos para eyacular lo más cerca posible de los huevos. Las ranas son blanditas y no se hacen mucho daño, el problema es que, si están en el agua, esa bola llena de frenesí puede acabar haciendo que la pobre rana se ahogue o que no pueda decidir bien cuál es el pretendiente que le gusta. Pero la hembra tiene sus tretas para librarse de los que no le molan. Una que ya se conocía es la de hacer sonidos propios de los machos para que el *rano* se piense que se ha equivocado. Pero en esta investigación se ha observado por primera vez cómo las ranas hembra usan la técnica de hacerse las muertas cuando no les gusta demasiado un macho o cuando quieren librarse de la mole de *ranos* hiperexcitados. Y hay que decir que la rana bermeja se hace muy muy bien la muerta, porque hasta fingen el *rigor mortis* y, literalmente, estiran la pata. Una actuación de Goya para librarse de los tipejos más petardos y mendrugos de la charca.

LOS PÁJAROS SON UNOS PÁJAROS

os pájaros son más inteligentes que guardarse *pizza* de la cena para desayunar. Son bichos listos con ganas y con un cerebro privilegiado, y eso puede ser en parte por su compleja vida en pareja, que es un culebrón más rocambolesco que *Falcon Crest* (referencia para *boomers*) mezclado con *Élite* (referencia para la generación Z).

Mira, antes de empezar a hablarte de la vida sentimental de los pajaritos que rondan parques, jardines y montes, voy a ponerte en antecedentes para que compruebes lo listos que son. Puede que conozcas algunos ejemplos de inteligencia en aves que son bastante *mainstream*, como que los loros o los córvidos son capaces de usar herramientas. A veces son herramientas bastante simples, como rascarse agarrando un palito o una pluma con una pata y, raca raca, a rascarse el cogote. Otras veces se trata del uso de objetos de una forma mucho más compleja, como ir echando piedritas en un vaso con agua para que suba el nivel hacia el borde arrastrando una bellota o una avellana que estaba flotando. Arquímedes, pero en versión pajaril.

Pero voy a darte algunos ejemplos bastante más flipantes y poco conocidos, como el de los carboneros. Son estos pajaritos megacuquis, azules y amarillos, que dicen «tuiti tuiti tuiti» y que pueden encontrarse en parques y jardines de casi cualquier ciudad. ¿Y si te dijera que, además de ser cuquis, son un ejemplo de que la cultura es algo que también existe entre los animales? Esta historia comienza en los años treinta del siglo XX, cuando los alegres lecheros dejaban sus botellas en los porches de Reino Unido cada mañana. Pero en el sur de Inglaterra se empezó a observar cómo los carboneros aprendían a romper los tapones de la leche para comerse la nata, porque son muy golosones ellos. Al principio era algo que pasaba en un puñado de pueblos y ciudades del sur, pero al cabo de pocos años, esa técnica se fue expandiendo por todo el país, y en los años cuarenta los carboneros de toda Inglaterra ya se ponían goooordos a nata. Fijaos: un individuo inventa un comportamiento, los demás lo imitan y lo aprenden y a esos aprendices los imitan y copian otros aprendices nuevos. Eso en mi pueblo se llama cultura, pero es que nos pensamos que la cultura es solo lo que sale en *Saber y ganar*.

Oye, igual has flipado un poco con eso de que un pájaro coma nata. A los carboneros lo de robar nata les va de perlitas porque no emigran, así que en invierno tienen poca comida y un poco de grasa animal les va estupendamente para reponer fuerzas. Pero en la naturaleza no hay leche que robar, ¿de dónde sacan esa grasa animal para sobrevivir? Pues de cerebros de murciélagos. Buscan murciélagos que estén hibernando, que se quedan atontadísimos e indefensos, les abren el cráneo a picotazos y lo rebañan como un *petisuí*. Esto también se lo hacen a otras especies de pajaritos más pequeños incluso que ellos. ¿Os siguen pareciendo cuquis?

Fíjate lo subestimadas que tenemos a las aves que hasta las palomas son listas. Ellas, las ratas del aire, famosas por sus muñones (que yo he visto alguna que hasta llevaba un chicle pegado al muñón como si fuera su pata de palo), son expertas en matemáticas y unas *cracks* de la probabilidad que habrían arrasado en el antiguo *Un, dos, tres*. Para los más jóvenes, este era un concurso de la tele, viejuno hasta para mí, en el que tenías que elegir entre varias cajas. Ahora no hay tanto concurso de ese estilo, pero la tele noventera estaba llena de programas de esos de elegir una caja. Solo en una había un premio gordo, como un coche o un apartamento en la playa, y en las otras había mierdas como cuatrocientas cajas de palillos para los oídos, trecientos rollos de papel higiénico o veinte sacos de patatas. No sé si os acordáis, pero normalmente tú elegías una caja y el presentador quitaba una y te volvía a dar a elegir entre las dos cajas restantes.

Hubo tantos programas así, que hasta dio para que matemáticos como Steve Selvin teorizaran un problema de probabilidad conocido como «la paradoja de Monty Hall», bautizado así en honor al presentador de un programa estadounidense llamado *Trato hecho*, del cual tuvimos una versión española presentada por Bertín Osborne junto a Lolo, una especie de rata de cloaca que aparecía en una pantalla y que estaba hecho con una animación en 3D espantosa. La rata parecía salida de Proyecto Hombre y, para más ofensa, no se les ocurrió nada mejor que ponerle acento andaluz para que fuera más gracioso. Eso sí, el programa me lo zampaba entero cada verano porque era absolutamente adictivo. En la versión española había cajas con premios, pero en la norteamericana, que como los americanos son de hacerlo todo a lo grande, había directamente puertas, detrás de las cuales podía haber un coche o una cabra. Sí, regalaban cabras, que ya sabemos que hasta bien entrado el siglo XX lo del respeto a los animales se llevaba más bien poco y se podían ver *horrorosidades* en la tele tan poco éticas como monos disfrazados de sevillanas, osos, leones o que el premio de un concurso fuera una cabra.

Pero vuelvo a «la paradoja de Monty Hall». Un problema matemático que nos dice muy claramente que cuando el presentador nos quite una caja y nos deje solo dos siempre hay que cambiar de caja. Te voy a explicar por qué, por si te ves en esta tesitura: cuando elegimos entre las tres, hay solo un tercio de probabilidades de que hayamos acertado. Cuando nos quedan solo dos, ¿cuál es la probabilidad de que hayamos elegido la buena ahora? Todo el mundo piensa que la mitad, pero no. Porque no tenemos en cuenta que el presentador sabe cuál es la caja buena y la que quita siempre es mala. Y las probabilidades de que hayamos elegido bien desde el principio no son muy altas. Así que la tercera parte de probabilidades de la eliminada y de la que no hemos elegido al principio se suman y la caja no elegida tiene dos terceras partes de probabilidades de ser la buena. Es decir, la caja eliminada suma sus probabilidades a la que no hemos elegido.

Los humanos, que somos un poco nulos para la probabilidad, podemos hacer este juego hasta doscientas veces y no cogerle el truco hasta que no nos lo expliquen. E incluso explicado cuesta de entender, que seguro que ahora andas haciendo cuentas por los dedos. Sin embargo, en experimentos hechos con palomas se ve que ellas lo pillan en cuanto llevan varios días jugando, y cambian de caja casi el cien por cien de las veces. ¡¡Vivan las palomas!!

Y esta turra sobre inteligencia aviar en un libro sobre sexo, ¿a qué gónadas viene? Pues al hecho de que hay investigadores e investigadoras que consideran que una de las causas de que el cerebro de las aves haya evolucionado

hacia semejante complejidad es la reproducción, concretamente las relaciones de pareja. Y es que las aves…, ¡ay, qué
romanticonas que son!, forman parejas de por vida llenas
de amor, construyen esos niditos donde criar a la familia
perfecta, imagen que incluso ha sido el logo de una de
las multinacionales de la alimentación más importantes
del mundo y cuyo chocolate seguramente hayas comido cientos de veces… Una imagen de armonía, paz, amor
incondicional y fidelidad… ¡¡Y una mierda!! Las aves son
guarrísimas y unas infieles. Todas son infieles y a la vez
tienen cuernos, son tremendas. ¿Sabes la típica imagen
del amor ejemplificada por un par de agapornis acarame-
lados? Pues son peores que Shakira y Piqué.

Se han detectado copulaciones fuera de la pareja en el
90 por ciento de las especies de aves. Y, al hacer estudios
de ADN, se ha observado que en algunas hasta el 70 por
ciento de los pollos no son del macho que está haciendo
las labores de padre. Que tampoco os preocupéis por esos
padres que cuidan del fruto de la infidelidad, porque ellos
tienen retoños en otros nidos. Y es que las aves son lo que
se denomina socialmente monógamas, pero no sexualmente. Es decir, organizan su estructura social y familiar
mediante la monogamia, pero luego chuscan por ahí. ¿Os
suena eso de algo? Porque me da que entre los humanos
esto pasa mucho mucho. Y no me refiero a las parejas que
deciden de mutuo acuerdo abrirse a la experiencia y ser un
poco frescos y frescas desde la ética, me refiero a la gran
mayoría de las parejas abiertas humanas que no saben que
lo son. Pues a los pájaros les pasa algo parecido.

Te voy a poner el maravilloso ejemplo de la alondra
(*Alauda arvensis*), que es un pajarillo monísimo que seguro que has visto y escuchado mil veces sin saber lo que
era. De lejos parece un gorrión grande con un gorrito de

cumpleaños, porque tiene un color parduzco y un penacho de plumas en la cabeza muy gracioso. Yo de peque las llamaba «pájaro cumpleaños» porque era un niño tontísimo. Cantan por las mañanas una melodía muy compleja y con muchísimas sílabas distintas, y que angustia un poco porque parece que no paran a respirar. No hacen pío pío, sino más bien «tiroriruriratititrurutirurirotitit». Dios mío, qué tonto soy yo y qué cansinas las alondras...

Las alondras son socialmente monógamas, es decir, que tienen su pareja con la que cuidan de un nido. Pero aproximadamente un 20 por ciento de los pollos no son del padre oficial y corresponden a coitos fuera de la pareja, una forma técnica de hablar de cuernos pajariles.

¿Y por qué son tan infieles? Para el macho, ir dejando polluelos suyos en nidos ajenos le asegura tener más posibilidades de tener descendencia. Para la hembra, puede ser una forma de tener una pollada con mayor diversidad genética. De hecho, incluso a nivel de especie puede llegar ese gran beneficio de tener mucha diversidad, porque, como veremos en este libro, una población con buena mezcla genética es mucho más fuerte y tiene más papeletas para sobrevivir y afrontar los problemas.

Pero que sea solo una cuestión de dejar más descendencia y de tener más diversidad no convence a muchos científicos y científicas, porque no valora del todo lo arriesgado que es para la hembra tener escarceos amorosos. En primer lugar, porque si el macho la pilla o sospecha, puede pirarse del nido. Un comportamiento instintivo para no criar los pollos de otro y crear su propia familia con una nueva hembra. Y, en segundo lugar, porque, para darle al cochineo, tanto el macho como la hembra puede que tengan que abandonar un momento el nido aprovechando que su pareja ha salido a cazar, y dejar los huevos solos, aunque sea unos pocos minutos, es un riesgo muy muy alto. Un riesgo que es mayor para la hembra porque es la que ha gastado muchísima energía en desarrollar esos huevos en su interior. Que echar por la cloaca una célula del tamaño de una pelota y hecha principalmente de proteínas, grasa y calcio tiene que dejarte reventada. Encima, imagina hacerlo tres o cuatro veces en unos pocos días. Uff, peor que opositar... Así que existe una hipótesis alternativa para explicar los escarceos amorosos y aventuritas sexuales de la hembra de la alondra: la hipótesis del reapareamiento.

Esta hipótesis plantea que la hembra, mediante sus cópulas extramaritales, va creando vínculos con otros machos de la zona. Así, si su macho muere, se marcha o le pasa lo que sea, tiene más fácil encontrar un sustituto que lo remplace. Si fuera uno de los machos amantes quien perdiera a su pareja, también iría primero a visitar a la hembra que ya conoce y con la que ya sabe que se apaña bien. Vamos, que lo que hacen las alondras es garantizarse un plan B, un plan C y un plan D. Es como la gente que tiene pareja, pero te da fueguitos en Instagram o te pone en mejores amigos para que veas fotos un poco picantonas. Esa gente lo que está haciendo es garantizarse tener material entre el que elegir en caso de quedarse en la soltería. En definitiva, que las alondras lo que tienen es «putiagenda».

Aparte de tener un plan alternativo, las aventuras amorosas de las hembras tienen efectos positivos sobre toda la comunidad, algo que se ha observado tanto en las alondras como en algunas especies de tordo, como el tordo sargento, nombre que me flipa porque es entre imponente y escatológico, que yo les llamo tordos a los toblerones que defeco sin piedad cada mañana después del café. El ligoteo de las hembras mejora la colaboración en comunidad porque los machos dejan de concentrarse únicamente en su nido y alimentan y protegen de los depredadores a otros nidos de los alrededores, por si acaso hay pollos suyos. Que fíjate el nivel de putiferio: es como si los señores que viven en un edificio fueran llevando la compra a otras casas del edificio por si acaso algún chiquillo lo han engendrado ellos. Además, este embrollo poliamoroso hace que los machos se peleen menos por el territorio y se centren más en buscar comida y en espantar juntos a los depredadores. Gracias a ello, se ha visto que entre los tordos sargento hay menos mortalidad de los pollos debido a falta de alimento o depredación.

En definitiva: las infidelidades de los pájaros macho aumentan la diversidad genética y las de las pájaras crean comunidades más seguras y más productivas para la reproducción. ¡¡Que viva el poliamor!! Los pájaros son unos *hippies* que viven en comuna.

Antes de dejar volar el guarrimundo de las aves, decirte que espero que recuerdes que he comenzado este capítulo hablando de lo listos que son los pájaros y que eso puede tener que ver con la complejidad de las relaciones. Ahora creo que puedes entender el porqué. Piensa que su cerebro tiene que ser capaz de gestionar una relación estable con una pareja (que eso ya sabemos que es chungo), aguantarse el uno al otro, coordinarse y encima mantener una doble vida en la que tienen que despistar a su pareja para irse con otros sin que les pillen, gestionar esas relaciones sexuales, intentar evitar que sus parejas les engañen y encima, a veces, cuidar pollos de otros nidos por si fueran suyos. De verdad, menudo estrés. Eso puede hacer que haya una especie de carrera armamentística entre machos y hembras para desarrollar un cerebro cada vez más potente y así poder ser más infieles sin ser pillados. Suena a locura, pero en las especies en las que las hembras son las más adúlteras, son ellas las que tienen un cerebro más grande, mientras que en aquellas en las que el más adúltero es el macho, son ellos los que lo tienen más grandote.

Conclusión: ¿dónde hay que firmar para ser un pájaro? Poliamor, sexo desenfrenado y pluma. Todo lo que me gusta junto y revuelto. Pío, pío.

PEGADO A TU EX

¿Alguna vez has tenido que vivir con tu ex? Esa es una de las mayores pesadillas que pueden infligirle al ser humano el capitalismo y la crisis de la vivienda. Yo no he tenido la desgracia de vivir esa situación, y no porque tenga pasta como para irme a vivir solo si me harto de un caballero tóxico, vago o guarro, sino porque uno es listo y se adapta a los tiempos que corren echándose un novio de cerquita de Madrid. Así, si finiquitamos, se va con su familia y listo. Consejito de hoy: echaos novias, novios o novies que tengan a la familia cerca para poder mandarlos al pedo. Y siempre alquilad casas baratas, no sea que al echar al cónyuge tengáis que meter a un compañero de piso para pagar las facturas y que os salga peor que vuestra expareja. Que al menos con tu pareja hay la suficiente confianza para decir: «Nene, no seas guarro, que tienes la toalla de los pies como un queso roquefort y vas dejando calcetines extrañamente rígidos por todas partes».

Pues si vivir con una expareja parece el infierno a pellizcos, imagina tenerlo pegado al cuerpo. Es más, imagina llevar a toooodos tus exrollos pegados. Eso es lo que les pasa a las hembras de rape abisal. Los rapes abisales son varias especies de peces de la familia Lophiiformes, concretamente de subórdenes como el de los Ceratias. Estos peces viven en las profundidades, normalmente a más de 1.000 metros, y puede que los hayas visto en documentales o en *Buscando a Nemo*. Son esos que llevan en la cabeza una linternita sujeta por una especie de caña de pescar que les sale de la cabeza. Son cabezones y tienen una bocaza enorme y llena de dientes. Viene a ser como un rape, pero con una lamparita incorporada.

Pues todos esos rapes abisales que habéis visto con su lamparita son hembras; los machos son decenas de veces más pequeños, apenas se desarrollan desde que salen del huevo, de hecho, ni siquiera pueden comer. Desde que nacen, su único cometido es buscar una hembra olfateando el mar. Cuando encuentran a una hacen una cosa muy educada, que es morderla, y en ese momento su boca comienza a derretirse y se quedan pegados a la hembra. Ella los va digiriendo poco a poco a través de la piel hasta que solo quedan los testículos, y estos se los apropia y pasan a convertirse en los testículos de la hembra. Cada una puede llevar pegados por su cuerpo decenas de pares de testículos. Los luce como medallas de sus ligues. Es un poco «abogado, el que tengo aquí colgado». Cuando quiere ser mami, coge semen de unos cuantos de esos huevecillos y se queda preñada.

A este tipo de noviazgo poliamoroso en el que se digiere al macho hasta llevar sus gónadas a modo de huevos colganderos pegados a la chepa, al culo o a donde le haya dado ganas de morder a tan pocho galán, se le conoce como parasitismo sexual. Y hay que decir que es bastante más práctico de lo que pueda parecer. Piensa que estos peces viven en las aguas más profundas y oscuras de los océanos. Allí la comida es muy escasa. Básicamente, la base de la cadena alimentaria son las cacas y los bichos muertos que van cayendo a lo largo de la columna de agua. Y en ese camino ya muchos seres se van comiendo lo más suculento de ese precario manjar de heces y cadáveres. Lo que llega al fondo no da ni para pipas y es capaz de crear toda una cadena alimentaria para solo un número limitado de seres vivos. Allí abajo hay poco de todo. Allí los pocos pececillos que se alimentan de los escasos gusanos y crustáceos come-caca dan para alimentar a una cantidad muy limitada de depredadores, así que para los cerátidos es muy ventajoso como especie que solo se alimenten las hembras. Por otra parte, al haber pocos individuos de la especie, básicamente porque los recursos son los que son, está bastante bien que si un macho y una hembra se encuentran digan: «Pues mira, ya para qué nos vamos a separar». Se quedan pegados y todos contentos.

Cuando tengas un mal día, piensa que al menos no eres un macho de rape abisal.

SIN PECADO CONCEBIDO

eguramente que tras leer los primeros ocho capítulos ya estás pensando que menudo guarro es este biólogo con cara de sietemesino que no hace más que hablar de fornicio, chorrazos, *frotis-frotis*, darle al manubrio y otros conceptos y actividades bastante poco recatados. Pues mira, para que veas que soy santa y pura hasta la sepultura, voy hablar ahora de lo más blanco que hay: la divina concepción.

Te voy a hacer una pregunta que roza casi casi lo bíblico: ¿crees que podemos reproducirnos sin darle al fornicio? A ver, existe la reproducción asexual de las bacterias, que se dividen en dos y, con unas matemáticas más locas que el cuaderno de Bárcenas, pasan de ser un par de bichas a 600 millones en un puñado de horas.

También tenemos la reproducción asexual de las plantas (aunque ya verás más adelante que también les gusta el sexo, aunque sea a distancia o con una abeja haciendo de intermediaria). Se la llama reproducción vegetativa. Un ejemplo que me encanta es el de esas plantas en las que cuando una hoja bien gorda cae al suelo, sale otra planta. Anda que no da gusto robar una hojita de esas de una maceta para plantarla en casa. Este mecanismo es típico de plantas de la familia de las crasuláceas y se llama reproducción vegetativa por propágulos foliares. Vamos, reproducción por hoja amputada. Es como si se te cayera una mano al suelo y saliera de allí un clon. Por algo las plantas son mucho más complejas que nosotros y tienen muchos más genes.

Incluso la reproducción asexual de las plantas es clave en una actividad que parece tan lejana a una clase de biología como es el fútbol. En el fútbol profesional se usa principalmente césped natural. Esas hierbitas son gramíneas, una familia de plantas que ocupa aproximadamente el 40 por ciento de la superficie terrestre que no está cubierta por agua o hielo. Los y las futbolistas están todo el rato dejando el césped más *pelao* que un nabo de tanto pisotón, entrada, segada y esas cosas que no sé cómo se llaman de tirarse al suelo y desplazarse tumbado al restregón en las que yo me dejaría ahí el escroto en carne viva y me haría las ingles brasileñas. Todas esas zanganadas dejan el césped destrozado, pero nuestra amiga la reproducción vegetativa de las plantas acude al rescate. Y es que algunas especies de gramíneas producen rizomas, unos tallos subterráneos que crecen horizontalmente y de los que salen otras plantas. Como son subterráneos, no se dañan durante los partidos y van echando plantitas nuevas allá donde el césped se ha quedado pelón. Sin esos rizomas el campo estaría lleno de calvas, o como cuando la gente se cortaba el pelo en el confinamiento y se llenaba la cabeza de trasquilones. Quien no se hizo un estropicio con la maquinilla de Aliexpress durante la primavera de 2020 que tire la primera piedra... Así que, ¡¡vivan las gramíneas!!

Pero imagino que a ti, lector morboso y ávido de marranería, que las plantas o las bacterias puedan concebir sin darle al *amorsito* sudoroso creo que es algo que te la *repanchunfla* bastante. Tú lo que quieres son animales con cara de vicioso o de pecador de la pradera, pero que sean tan santos que sus bebés nazcan con un coro cantando «Ave María» sonando de fondo. ¡¡Pues yo te los daré!! ¡Vayamos con ellos! ¿Crees que los animales podemos reproducirnos sin sexo? ¿Puede, por ejemplo, ser madre una virgen?

Pues sí. Este es un fenómeno llamado partenogénesis, que en latín significa literalmente «el parto de las vírgenes» o «creación virginal». Es un tipo de reproducción muy extendido en el reino animal en el que un óvulo sin fecundar se desarrolla como un embrión y forma un nuevo individuo.

Por ejemplo, es bastante popular entre los insectos. Algunos la hacen de forma habitual, como las abejas o las hormigas, pero no voy a hacerte *spoiler* de lo que hacen con ella porque tengo tres capitulitos de insectos eusociales y sobre sus líos familiares que son una delicia de leer.

Otros animales practican la partenogénesis para ampliar su población rápidamente cuando hay muchos recursos. ¿Nunca has tenido una plaga de pulgones en tus plantas? Te vas de finde dejándolas perfectas y cuando vuelves, ¡¡zas!! Hay miles de bichos y la planta está más tiesa que la cuenta corriente de un biólogo. Los pulgones son la rehostia. Cuando llegan a un sitio con mucha comida (como mi monstera Patricia, llamada así en honor a cierto *talk show* de mi infancia donde iban loquitos y cibernovios a darnos entretenimiento ilimitado y frases como: «Pero ¿usted quién es?»), las hembras se ponen a hacer partenogésis a lo loco para aumentar la población a lo bestia. De hecho, las hembras muchas veces nacen ya embarazadas de más pulgonas partenogenéticas. Es decir, las pulgonas dan a luz a sus hijas y a sus nietas. Son como una muñeca rusa versión insecto partenogenético.

También son unas *cracks* de la partenogénesis las hembras de insecto palo. Un amigo mío cometió el error de regalarle a su pareja uno de estos insectos para que tuviera una mascota a la que hubiera que cuidar poquito, y ahora tiene una superpoblación de bichos palo que no sabe cómo controlar. La mascota resultó ser una hembra a la que llamaron Paquita y que pronto se convirtió en la madre de Paquita 2, Paquita 3, Paquita 4... y así hasta 50. Bueno bueno, me he acordado de una cosa sobre los fásmidos (que es como llamamos en biología a los insectos palo y hoja) con la que vas a flipar. Su disfraz de parte de una planta va más allá de su aspecto de palo y lo llevan hasta a la reproducción. Los huevos de los fásmidos imitan a semillas. Esto lo hacen para engañar a las hormigas, que se piensan que son ricas semillas con las que alimentarse y las llevan a hormiguero, donde esos huevitos estarán a salvo. Allí nacen los bebés bicho palo y, ¡tachán!, ¡también van disfrazados! Las crías de insecto palo se parecen e imitan a las hormigas para que estas no se las coman y así poder vivir cómodamente en el hormiguero alimentándose en su despensa. Luego salen del hormiguero antes de pegar el estirón y parecer un adolescente desgarbado, y a vivir su emocionante vida de imitar a una ramita meneada por el viento. Vamos, que los insectos palo son como los famosos: pasan primero por el hormiguero.

Pero ¿de verdad que el parto virginal de los insectos también te parece una chuminada y quieres bichos más grandotes y viciosones? En serio, parece que la gente ya no se sorprende con nada. Claro, es lo que tiene vivir en un mundo donde el ser humano más poderoso de la Tierra, la persona que con solo apretar un botón podría causar un apocalipsis nuclear, es un tipo que se tiñe el pelo con agua oxigenada y que se maquilla con Cheetos Pandilla.

Para tu regocijo, te diré que sí se han detectado casos de partenogénesis en animales más tochos: en algunas especies de reptiles, peces y tiburones. Por ejemplo, en 2001 nació una cría de tiburón martillo en el zoo Henry Doorly de Nebraska de una hembra que llevaba tres años sin machos a su alrededor. Es verdad que las hembras de tiburón pueden guardar esperma durante mucho tiempo, pero tres años son demasiados, y eso ya sería semen pocho. Así que hicieron pruebas y vieron que no había padre. ¡¡Tiburón virginal!! ¿Y qué fue de esta criatura sin pecado concebida? Pues nada, se la comió una manta raya un rato después de nacer...

Los dragones de Komodo, esos lagartos gigantes conocidos por su mala baba y por darle muy fuerte al tema del canibalismo, también son capaces de reproducirse de vez en cuando mediante partenogénesis.

Peeeero hay nacimientos virginales en seres más cotidianos de lo que piensas: las codornices, las pavas y las gallinas pueden concebir sin pecar. ¿¡Las gallinas!? ¿Me estás diciendo que hay pollitos que han nacido sin que haya sexo, como si hubiera bajado la paloma blanca? Bueno, la mayoría de los embriones partenogenéticos de las aves no llegan a terminar su desarrollo y mueren bastante antes de romper el cascarón. Pero algunos sí. Así que, aunque sean poco habituales, hay pollitos Yisus.

De hecho, yo aquí tengo mi propia teoría. Y es que mucha casualidad me parece a mí el hecho de que estas especies de aves que pueden hacer partenogénesis sean todas aves que no vuelan... Bueno, sí que vuelan. Son capaces de realizar lo que se conoce como vuelo de escape o vuelo batido corto, que significa que están un poco gordinflas y no llegan a mantener un vuelo largo y sostenido. Solo pueden hacer un vuelo cortito para escapar de los depredadores y ponerse a salvo en una rama, un pedrusco o lanzarse barranco abajo sin hacerse puré contra el suelo. Pero vamos, que un viaje no se pueden montar las aves capaces de hacer partenogénesis. Y aquí yo planteo mi propia teoría basada en mis movidas mentales, por lo que, al leer esto, ten en cuenta que cualquier parecido con la realidad es mera coincidencia. Quizás esta capacidad de tener polluelos sin padre pudiera ser una adaptación muy útil para un ave que no vuela.

Imagina que eres una pava que va a beber al río, te caes y te lleva la corriente río abajo. ¡Menuda tarde más mala! Imagina que entre *rafting* pavil y escacharramientos varios contra las rocas llegas a un valle. Es un valle del que no puedes salir porque no vuelas, y no puedes volver con el resto de los pavos. Pero el valle es una maravilla, un lugar precioso lleno de alimentos y sin depredadores donde podrías iniciar una nueva vida. En vez de morir del asco tú sola haciendo «gulu gulu gulu» mientras mueves tu colgajo de pavo como único entretenimiento, conviertes la crisis en una oportunidad de conquistar territorios para tu especie, haces partenogénesis y pones huevos virginales. Por la genética que tienen las aves, al hacer partenogénesis solo pueden engendrar machos (al contrario que en las lagartijas lesbianas), así que tienes pavitos. Esos pavitos crecen y cuando se hacen mayores se hacen novios de su mami, hacen reproducción sexual de la de toda la vida y tienen pavitos y pavitas que ya pueden reproducirse entre hermanos y crear una nueva comunidad pavil. Y aquí es donde te he dejado mi teoría sobre la partenogénesis en pavos como adaptación a la falta de vuelo. Si esta teoría fuera cierta, nos dejaría una gran lección: que la partenogénesis no es moco de pavo. Me gusta mucho ser tonto.

Pero querido lector o lectora, ahora viene la GRAN PREGUNTA. Esa cuestión que todos y todas os estáis haciendo desde hace un rato: ¿puede haber partenogénesis en humanos? ¿Podríamos tener partos virginales? Y creo que a todos se nos viene alguien a la cabeza. ¿Hablamos de la Purísima Concepción y de la paloma blanca? ¿Queremos abrir el melón de la religión?

Tranquilos, que no quiero meterme en saraos y soy demasiado pobre como para cerrarme el mercado de los creyentes, los ateos o los agnósticos. Yo quiero el dinero de todos los credos. Así que podemos esquivar tan divino tema hablando de otro personaje importantísimo que nació sin que hubiera padre: Darth Vader. Los que somos más frikis recordamos cómo la madre de Anakin Skywalker explicaba (durante ese aborto cinematográfico que es el *Episodio 1* de *La guerra de las galaxias*) que se quedó embarazada sin darle al fornicio. Que «la embarazó la fuerza». Será la del cipote, pero bueno.

¿Pudo la fuerza cambiar las leyes de la genética para concebir al peor padre de la galaxia? (porque hay que ser cafre para cortarle la mano a tu hijo con un sable láser nada más conocerlo). ¿Pudo la paloma no ser paloma sino pava y forzar a un óvulo de María a convertirse en embrión? Respuesta: NO. Nunca se han detectado nacimientos partenogenéticos en ningún mamífero de forma natural. Solo se ha conseguido en laboratorios con ratones a los que hubo que hacer algunos retoquillos genéticos y, encima, salieron todos un poco pochetes.

Pero, además, en los mamíferos el sexo lo determinan los cromosomas sexuales X e Y. Las hembras mamíferas (incluidas María y la abuela de Luke Skywalker) tienen dos cromosomas X, mientras que los machos (como Darth Vader y Jesús de Nazaret) tienen uno X y otro Y. El Y es el que determina a un macho y solo se hereda del padre. Puesto que una mujer no tiene el cromosoma Y por ningún lado, si hubiera un nacimiento por partenogénesis en humanos, la criatura tendría que ser una niña.

Si la partenogénesis tuviera algo que ver con los casos ya mencionados, habríamos tenido a Jesusa y uno de los momentos más memorables del cine habría sido el «Luke, yo soy tu madre».

II
MEZCLA TUS GENES O MUERE.
CÓMO NO ACABAR COMO UN PLÁTANO O UN AUSTRIA

ESA COSA A LA QUE LLAMAMOS SEXO

Por qué narices existe el sexo? ¿Qué hemos hecho los organismos eucariotas para merecer algo tan sucio, zafio, primitivo, invasivo y pringoso? Uff, que ya sé que da gustirrinín, pero el sexo expone a los seres vivos a cientos de enfermedades, provoca peleas y conflictos, disputas territoriales y hostias como panes. Sin sexo, los gorilas no se reventarían la cara a bofetones, los koalas no estarían sufriendo una terrible epidemia de clamidia que les hace tener los genitales como un trapo, las ladillas estarían en el paro y seguramente dejarían de existir los gimnasios y las clases de guitarra.

El sexo nos obliga a los seres vivos a gastar enormes recursos energéticos y de tiempo en buscar pareja o a realizar estúpidos rituales de apareamiento. Igual tú, lector *Homo sapiens* bien lleno de esa soberbia homínida que te hace pensar que estás por encima del resto de los seres de la creación, te crees que no gastas recursos en el sexo, pero créeme que lo haces. No te engañes, no vas al gimnasio por salud, vas para estar *to horny* y tener una mínima oportunidad de mojar el dorito o echarle pilpil a la almeja. Ese móvil que te has comprado con una cámara modelo *tope flow guachiní* 3500 también sirve para salir divinamente en los selfis poniendo morritos. Y cada vez que te vas de compras y observas tu reflejo a ver si esos espejos trucados del Zara realzan tu escasa hermosura, tu mente está buscando aumentar tus papeletas para zumbar.

Pero también tengo que aclarar algo importantísimo. El sexo y la cópula no son lo mismo. Es decir, el sexo no es sinónimo de copular, fornicar o de hacer el amor. Las plantas pueden reproducirse sexualmente con otros individuos de su especie que estén a varios kilómetros, algunas gracias a los polinizadores y otras gracias al viento. De hecho, algunas pueden incluso reproducirse consigo mismas. Y muchos animales acuáticos como las esponjas o los corales lanzan chorrazos de esperma al agua en cantidades lo suficientemente obscenas como para que encuentren algún huevito al que fecundar. Lo cual nos deja una moraleja inquietante: el mar está lleno de espermatozoides.

El sexo no implica cópula, ni siquiera contacto. A decir verdad, cuando una mujer se somete a una fecundación *in vitro* o a una inseminación artificial, también está ejercitando la reproducción sexual. Esta simplemente hace referencia a un tipo de reproducción en la que dos organismos crean un nuevo organismo combinando su material genético. Vamos, que se trata de crear un bicho nuevo a partir del ADN de sus padres. Ya sean sus padres dos humanos sudorosos que han retozado en la campa de unas fiestas de pueblo sin tener demasiado claro el concepto de la planificación familiar o dos cactus del desierto de Mojave que están a más de 25 km y que en vez de usar los servicios de Tinder han sido bendecidos con la polinización de un murciélago comedor de néctar. El sexo es *potipoti* de genes, *pringui-pringui* de ADN, *collage* de genotipos.

Se haga con o sin placer, dentro o fuera, a distancia o perturbadoramente cerca, el sexo es muy muy muy costoso. Las plantas ni se tocan y tienen que esforzarse un huevo. Por ejemplo, las plantas con flores (que, por cierto, aparecieron en la Tierra hace solo 150 millones de años, es decir, más tarde que los primeros dinosaurios) tienen que invertir muchísimos recursos en generar esos armatostes cargados de pigmentos, azúcares y moléculas aromáticas para atraer a los polinizadores a que hagan *froti froti*. Las plantas con flores que esparcen su polen gracias al viento, como las gramíneas o los cipreses, tienen que generar cantidades obscenas de polen con sus células sexuales hasta, para desgracia de los alérgicos y alérgicas, saturar el aire de la zona para asegurarse llegar a otra planta.

En los animales hay más drama, porque un montonazo de comportamientos como defender un territorio, pelear (a veces hasta la muerte) con otros individuos o tener colores brillantes y soltar gritos estridentes que te hacen sumamente visible para los depredadores son consecuencia de la reproducción sexual como fin último de muchos seres vivos. Nuestros genes nos piden traer descendencia a este mundo, y eso es una movida tremenda.

Entonces, si el sexo nos hace gastar más recursos que un alquiler en Madrid, si favorece que nos coman y nos expone a enfermedades que nos llenan los genitales de bichitos o secreciones con un perturbador espectro de colores, sabores y olores... Si el sexo es tan, pero tan tan tan terrible, ¡¿por qué narices el 99 por ciento de los organismos eucariotas tenemos algún tipo de reproducción sexual!?

LOS PLÁTANOS TE DICEN QUE FRUNJAS

Los plátanos se extinguen porque no f*ll*n. Lo que oyes. Al menos los plátanos tal y como los conocemos. Esa frutita tan maravillosa que va con su propio envase y que es tu mejor amigo para excursiones o recreos, la fruta del amor, el bollicao de la naturaleza... Este regalo de los dioses se nos va a la porra por haber practicado la reproducción asexual por encima de sus posibilidades.

Me explico. Los plátanos que comemos en la mayor parte del mundo son clones de la variedad Cavendish. Son clones porque son copias genéticamente idénticas. Cuando tu abuela tiene un poto precioso y tú haces un esqueje para tener un poto igual de bonito en tu casa, estás haciendo un clon, ya que la nueva planta será una copia genéticamente idéntica del poto *abuelil*, aunque probablemente con bastantes menos posibilidades de sobrevivir debido al poco talento para las plantas que nos caracteriza a los millennials y a los generación Z. Los plátanos que comemos también se reproducen de forma asexual mediante hijuelos, una especie de esquejes. Y esto es una mierda. ¿Por qué? Porque como todos los plataneros son genéticamente idénticos, si llega un nuevo patógeno, como un hongo o una bacteria, y es capaz de matar a uno, será capaz de matarlos a todos. Y esto que suena a una versión vegetal de una peli de catástrofes con Morgan Freeman haciendo de un presidente de Estados Unidos concienciadísimo con salvar a la frutita del amor, en realidad es algo que ya ha pasado.

A partir de los años veinte del siglo XX comenzó a expandirse por el mundo la enfermedad de Panamá, también conocida como fusariosis del banano y causada por el hongo *Fusarium oxysporum* (me encanta el nombre, ojalá pueda llamar *Fusarium* a mi hijo algún día). El honguito, que se transmitía por el agua y la tierra, pegó tan fuerte que para los años cincuenta ya se había cargado casi toda la población mundial de plátanos. ¿Entonces, por qué seguimos teniendo plátanos en pleno siglo XXI? Pues porque, en aquel momento, se cultivaba para el consumo la variedad de plátanos Gros Michel, que podríamos traducir al español como «plátanos Miguelones». Esta variedad también estaba formada íntegramente por plataneros que se multiplicaban por reproducción asexual, así que los Miguelones también eran toooodos clones y cayeron como chinches ante el poder del hongo. Por lo tanto, se comenzó a cultivar una nueva variedad que era muy resistente al hongo: el plátano Cavendish, que es el que comemos en la actualidad y cuya rica pulpa llena de potasio me hace feliz cada mañana y me anima a afrontar otro nuevo día de explotación capitalista.

De hecho, dicen las malas lenguas y algunos entendidos en fisiología vegetal y producción agrícola que todo este lío es el causante de que las gominolas o los yogures de plátano sepan a algo que no se parece absolutamente en nada al plátano. No es solo que los desarrolladores de aromas y saborizantes nos brinden maravillas que nada tienen que ver con el sabor original, como es el caso de esas famosas patatas sabor jamón cuyo gusto es similar a lamer la corteza de un árbol de una gasolinera. Parece ser que el aroma de plátano que da ese gustillo a las gominolas, yogures y otros manjares imitaba el sabor de los plátanos Miguelones, de la variedad Gros Michel que se extinguió el siglo pasado por no tener sexo. A partir de ahora quiero que cada vez que te comas una gominola platanito pienses en el poder de la reproducción sexual.

Este apocalipsis bananero se puede repetir. Es más, se está repitiendo. En la actualidad se está expandiendo una nueva cepa del hongo *Fusarium oxysporum*, la variedad Tropical Race 4 (TR4). Los Cavendish no son resistentes a esta cepa, por tanto el maldito hongo está destrozando cosechas de plátanos Cavendish en muchas zonas del mundo y cada vez se expande más rápido, poniendo en peligro la economía de muchas zonas del sudeste asiático, África y América Latina. Llegó a Taiwán en los años sesenta, en 2013 a África y en 2019 a Sudamérica, lo que tiene cada vez más en alerta a los productores de Canarias. Por allí todavía no ha aparecido, así que recemos muchas oraciones a San Mendel para que no sufran sus gentes ni perdamos esos platanitos canarios con sus manchitas características y que son ambrosía para los dioses.

El plátano va a morir por no mezclar sus genes. Pero ¿por qué no lo hace? ¿Por qué no dejamos de clonar los Cavendish mediante esquejes y permitimos que se reproduzcan sexualmente? Al fin y al cabo, el sexo de los plataneros (que, por cierto, forman parte de un género con un nombre tan sexi como *Musa*) no conlleva ninguna práctica considerada como obscena o pecaminosa para ninguna cultura o religión. Vamos, que dudo que la polinización mediada por murciélagos chupadores de néctar entrañe algún pecado. ¡¡Dejemos que los platanitos Cavendish disfruten de su sexualidad!! Pues no, no va a poder ser. Los plátanos Cavendish son estériles.

¿No te has dado cuenta de que los plátanos no tienen semillas? Los plátanos salvajes, aquellas variedades originales que todavía se pueden encontrar en las selvas de países del Sudeste Asiático, como Malasia o Indonesia, tienen en su interior decenas de semillas. Comerlos es más laborioso que hacer la renta, porque tienes que dedicarte a escupir semillas continuamente, como te pasa con la sandía y tienes que hacer la metralleta de pepitas. Lo mismo que sucede con casi todas las frutas y verduras que comemos, los plátanos han sido sometidos a un proceso de cría selectiva y de selección artificial durante siglos.

¿Qué es eso de la selección artificial? Bueno, a estas alturas del libro ya habrá aparecido en algún momento la selección natural como motor de la evolución. Eso que aprendemos al traumatizarnos con los documentales cada vez que se muere un animalito cuqui. La selección natural nos viene a decir que aquellos individuos mejor adaptados son los que tienen más probabilidades de sobrevivir y dejar descendencia. Desde que los seres humanos comenzamos a cultivar las plantas nos hemos dedicado a seleccionar aquellas que más nos han gustado para ser las elegidas para la siembra de la siguiente cosecha. Que a un granjero neolítico le salía una planta de trigo con unas espigas gordas gordas y con más semillas, pues cultivaba esa. Que a una granjera de la Inglaterra medieval le salía una manzana con un aroma que pegaba mil con la sidra, pues plantaba sus semillas y se forraba vendiendo su sidra a las tabernas. Así, poco a poco y a lo largo de miles de años, los seres humanos hemos ido modificando las plantas que comemos y, sin querer, hemos cambiado sus genes desde antes de saber lo que eran los genes o el ADN. Un ejemplo extremo de selección artificial es el de los perretes, en los que seleccionando características hemos pasado en tan solo unos 30.000 años de tener lobos gordos como truños a chihuahuas, esos seres del infierno que son mitad maldad y mitad temblores. La selección natural habla de la supervivencia del más apto, pero la selección artificial trata de la supervivencia del que me salga a mí del toto.

Los plátanos no han sido una excepción en la aberrante historia de los destrozos genéticos que hemos hecho al domesticar animales y plantas. Los plátanos tienen una genética más fistra que cualquier casa real en la que lleven 600 años procreando entre primos. Porque el trajín de cruces, selección artificial y más cruces todavía ha llevado a los plátanos Cavendish a ser una variedad partenocárpica poliploide. ¿Qué? ¿Yo pensaba que me estaba merendando una fruta amarilla y dulce y me estaba comiendo un partenocarpo poliploide? ¿En serio me estaba zampando algo con nombre de enfermedad de transmisión sexual? Tranqui, una fruta partenocárpica es simplemente aquella que no genera semillas, que es estéril. En el caso de los plátanos, cada vez que le pegues un bocado podrás ver unos puntitos negros en su pulpa. Eso es lo poco que queda de sus semillas, que abortan apenas comienzan a desarrollarse. Que no tengan semillas es una consecuencia del otro palabrejo infernal que he utilizado: poliploide. Un organismo poliploide es aquel que tiene varias copias de cada cromosoma. De esto voy a hablar un poquito más adelante en detalle, pero te doy un avance.

Los animales, los hongos y los vegetales tenemos nuestro ADN guardado en paquetitos pequeños: los cromosomas. De cada cromosoma tenemos dos copias, una que viene de nuestro padre y otra que viene de nuestra madre.

Por eso se dice que somos diploides. Los plátanos Cavendish, como consecuencia de tanto cruce para convertirlos en la fruta perfecta, son triploides. O sea, que tienen tres copias de cada cromosoma. Eso les hace más estériles que un peluche del osito Winnie. A cambio de su esterilidad, son perfectos para el consumo porque no hay semillas que escupir y porque las frutas con más cromosomas tienen unas células más gordas y suelen ser más jugosonas. Además, la esterilidad y que todos los plátanos Cavendish que comemos sean genéticamente idénticos tienen una ventaja adicional: la estabilidad. Y es que no vas a encontrar plátano malo. Aunque hay otras variedades a la venta, como los plátanos macho que se usan para cocinar, la mayor parte son Cavendish. De hecho, como el 99 por ciento de los que hay en el mercado son Cavendish, todos saben muy parecidos. Si te comes un plátano hoy y te comes otro mañana o dentro de cinco años te van a saber todos similares. Como mucho, variará el sabor dependiendo de si está verde o maduro o notarás algunos cambios según la calidad del suelo donde se haya cultivado (por ello los de Canarias son los mejores, porque ese suelo volcánico les gusta más a los plátanos que a mí un roscón de reyes).

Pero el precio a pagar por unos plátanos que siempre sepan ricos y que no sean un crocante de semillas es muy caro. Que los plátanos sean todos genéticamente iguales les hace susceptibles de ser exterminados en masa por cambios repentinos en su ambiente como la aparición de nuevos patógenos como la variedad TR4 de *Fusarium* y puede ser que en unos años tengamos que alimentarnos de otras variedades menos ricas o petadas de semillas asquerosas.

Los plátanos nos ayudan a entender el fin de la reproducción sexual: ADAPTARSE A UN MUNDO EN

CONSTANTE CAMBIO. Que los organismos mezclen su ADN y tengan hijitos que sean un cóctel de genes de su padre y de su madre es una forma de asegurarse que la descendencia pueda soportar grandes cambios, como modificaciones en la temperatura, la humedad o la aparición de enfermedades. La reproducción sexual crea tal cantidad de individuos distintos con genomas únicos e irrepetibles que, si viene un cataclismo, alguno sobrevivirá. ¿Que cambia el clima en unos pocos años y sube la temperatura? Seguro que hay algunos individuos con un cóctel de genes que les permita sobrevivir, reproducirse y crear una nueva población de seres adaptados al calorcito. ¿Que llega un nuevo virus que mata a todo quisqui? Pues si hay unos pocos seres cuya genética les haga resistentes al bicharraco, sobrevivirán, se reproducirán y sus descendientes heredarán ese mundo.

La reproducción sexual no solo genera diversidad, sino que también favorece tal mezcla de genes que aparecen nuevas combinaciones que nunca se habían encontrado en un mismo individuo y que juntas pueden producir características únicas. Es como a quien le da la venada de ponerle kétchup a un plátano y descubre que eso es una maravilla. El sexo es la *pizza* con piña de la biología. Además, puede sacar a la luz características que estaban ocultas y que llevaban generaciones sin manifestarse. Es como cuando en una familia todos tienen los ojos marrones y el pelo negro y de pronto nace un chiquillo o una chiquilla pelirrojo y de ojos azules. Esos genes estaban en la familia, ocultos, pero al toparse con los genes de otra familia en los que también estaban ocultos los ojazos y el pelirrojismo, ¡¡zas!! Ya tienes un niño guiri al canto. Y esto que pasa en los humanos cuando nos reproducimos también puede ocurrir en una planta o un hongo y desvelar un rasgo que les haga resistentes a una enfermedad o capaces de producir una toxina que se cargue a los escarabajos que se los comen.

El sexo ha permitido que desde hace 1.200 millones de años los seres vivos, incluidos nuestros antepasados, hayan podido sobrevivir a epidemias, cambios en el clima, cataclismos, hecatombes atmosféricas y hasta córeos grupales de Coyote Dax. El sexo nos permite vivir en un mundo cambiante y a veces un poco intensito y hostil. Así que no me seas plátano y ten sexo.

CÓCTELES DE GENES

cabamos de aprender que el sexo, en cualquiera de sus formas, sirve básicamente para mezclar genes, que seamos bien diversos y que no nos extingamos con el primer virus con ínfulas o a la primera ventolera de una glaciación.

De hecho, aunque el amor sea un constructo social precioso y el enamoramiento un proceso fisiológico tremendamente cuqui y placentero, cualquier actividad o instinto que te lleve al sexo no es más que una treta evolutiva para que hagas cócteles de genes con forma de bebés. Es verdad que a esto se le puede dar la vuelta y pensar que el amor es algo tan fuerte, tan bonito y tan cósmico y trascendental que cuando tenemos hijos estamos fusionando nuestros genes con los del ser amado para crear un nuevo individuo que albergará lo mejor y lo peor de nosotros mismos. Que el amor va más allá de los genes y de nuestros propios cuerpos y nos permite fusionarnos con tal intensidad que creamos un trocito de nuestro amor con forma de bebé. Pero también te digo que los dragones de Komodo hacen exactamente lo mismo y que se comen a sus crías a la mínima de cambio. Es más, el principal depredador de las crías de los dragones de Komodo son

los propios dragones adultos. Y, por estadística y por sola-
pamiento de territorios, probablemente todo buen dragón
adulto se haya zampado a alguno de sus propios hijitos.
Y ya puestos, un mango ha surgido de la polinización de
la flor de mamá mango por el polen de papá mango. O el
moho que le ha salido a esa zanahoria fosilizada que tienes en la nevera desde que te propusiste hacer dieta al
volver de vacaciones viene de una espora que se formó
cuando dos hifas de un hongo se unieron para tener un
poco de sexo fúngico. Y, la verdad, no veo al mango, al
moho o a los dragones de Komodo caníbales inventán-
dose chuminadas trascendentales sobre la reproducción
sexual.

Pero si hay un proceso que es clave en este asunto
y que nos une a todos los seres que nos dedicamos a
mezclar genes siempre que podemos es LA MEIOSIS.
La meiosis es la baticao de los genes, el *superglue* de la
biología, el «mejunje Art Attack» del ADN. Y, aunque tú
no lo sepas, si ahora mismo estás en edad reproductiva,
tienes miles de células haciendo meiosis en tus ovarios
o en tus huevecillos.

Para entender en qué consiste este proceso y por qué es
tan absolutamente importantísimo para la reproducción
sexual, hay que volver a los cromosomas y explicarte a
fondo lo que comencé a contarte al hablar del sexo pla-
tanil. Vale, partimos de la base de que el cuerpo está formado por células. Eso imagino que ya lo sabes. Dentro de
cada una de esas células tenemos el ADN: los genes, las
instrucciones para crearnos a cada uno de nosotros. Pero
ese ADN no está en las células de cualquier forma. ¿Por
qué? Porque es tan largo que si extendiéramos el ADN de
un humano mediría unos dos metros. Y, teniendo en cuenta que una célula eucariota promedio mide una milésima

parte de un centímetro... pues como que no cabe. Así que el ADN dentro de las células está enrollado y empaquetado. Y esos paquetes son los cromosomas.

Seguramente los cromosomas te suenen más porque los has estudiado, los has visto en alguna noticia de ciencia o aparecían en alguna serie o peli de ciencia ficción malufa del estilo de *Crocopulpo contra dinocroc*. En ese caso, tendrás en mente una especie de cruz que parecen dos salchichas unidas por su centro. Los biólogos me van a matar, pero eso es un cromosoma.

Quiero que imagines a cada uno de los cromosomas que hay en una célula como una sección de una biblioteca que, en vez de libros, tiene genes bien ordenaditos. Por ejemplo, en los seres humanos, el gen que lleva las instrucciones para fabricar la insulina, esa hormona que regula los niveles de azúcar en sangre, está en el cromosoma 11, mientras que la rodopsina, una proteína esencial para la visión, está en el cromosoma 3. Vamos, que los genes están bien ordenados y cada uno enrollado y guardadito en el cromosoma que le toca. Pero cada uno de esos cromosomas lo tenemos por duplicado: uno de nuestra madre y el otro de nuestro padre. Cada uno de ellos está tal cual, no están mezclados. Es decir, de ese cromosoma 11 tenemos una copia materna y otra paterna en cada célula. Lo mismo pasa con el 4 y con el resto de los 23 cromosomas que tenemos los humanos. En total tenemos 46 cromosomas: 23 parejas de cromosomas, de las cuales una estará compuesta por los famosos cromosomas sexuales XX o XY. Somos un cóctel de genes, pero un cóctel muy ordenadito.

Pero, ahora bien, hay un momento en el que esos cromosomas que tenemos tienen que mezclarse, y eso sucede durante la meiosis en nuestras gónadas, que es una forma fina y científica de llamar a nuestros genitales. Bueno, esa meiosis mezcladora de cromosomas se da en nuestros genitales, en los de todos los animales y también en las estructuras reproductoras de los vegetales y de buena parte de los hongos. Estructuras de las cuales ya hablaremos largo y tendido porque es que dan para una serie kafkiana de Filmin (que es el Netflix de los gafapasta).

En estas estructuras reproductoras de los eucariotas se produce la meiosis durante el proceso que da lugar a los gametos, que es como denominamos en biología a las células sexuales y que en nuestro caso son los espermatozoides y los óvulos. Pero voy a hablar de gametos para no ser antropocentrista, que los humanos somos muy pesados y hay seres mucho más guais que nosotros y que no van tanto de intensitos por la vida. Los gametos se forman mediante la meiosis, un proceso en el que una sola célula forma cuatro células nuevas. Para ello, esa célula inicial se divide en dos y luego en otras dos. Los que lo habéis estudiado en clase sabéis que es bastante más complejo, pero este es un libro de «jajas», así que lo voy a resumir diciendo que durante la meiosis, esa fábrica de células sesuales-pecadorasdelapradera-jarl, van a pasar dos cosas clave: se van a mezclar cromosomas y se van a perder cromosomas.

A perder porque, con tanta división celular, las cuatro células hijas van a tener solo una copia de cada cromosoma. Nada de dos, como vimos que pasaba con las células del resto del cuerpo. Y a mezclar porque, justo antes de que esa célula original se divida por primera vez, se va a dar una escena digna de *Los Bridgerton*, *Downton Abbey* o cualquiera de esas series o pelis rufufú con ingleses decimonónicos haciendo bailecitos de pijos estirados. Los cromosomas van a emparejarse y a iniciar un baile más importante para la reproducción sexual que el *twerking* y el merengue juntos. Se van a unir cada cromosoma con su homólogo. Es decir, el cromosoma 4 que venía de mamá con el 4 que venía de papá, el 11 de mamá con el 11 de papá... y así con toooodos los cromosomas. A esos cromosomas que eran iguales pero que cada uno venía de un progenitor son a los que llamamos cromosomas homólogos, y en este baile de la meiosis se van a emparejar como si bailaran. Pero en breve ese baile pasa de victoriano y casto a un perreo guarro de discoteca poligonera cuyos baños no querrías conocer, porque los cromosomas se van a pegar muy apretados y van a enredar y retorcer sus sinuosos brazos entre ellos a un nivel tan, pero tan sexi, que los cromosomas se intercambian trozos enteros hasta formar dos nuevos cromosomas que tienen trozos del padre y trozos de la madre. Es decir, que en el caso de un ser humano como tú, los cromosomas de tu padre y de tu madre están intactos en todas las células de tu cuerpo hasta que las células precursoras de espermatozoides (si eres hombre) o de óvulos (si eres mujer) hacen meiosis y por fin esos cromosomas paternos y maternos pueden abrazarse y retozar hasta mezclarse. Si lo piensas bien, es como si tus padres estuvieran continuamente haciendo el amor en tus ovarios o en tus testículos. Acabo de traumatizarte. De nada.

LOS HÍBRIDOS TE ENSEÑAN BIOLOGÍA

En 2023 me saqué el máster para poder ejercer como profe de biología y geología para la ESO y bachillerato. Para quien no sepa de qué va el asunto, es un máster que has de tener para poder dar clase en un instituto, pero que termina sirviendo para que descubras que no quieres ser profe. No por los estudiantes (aunque es imposible negar que todo profe ha fantaseado con usar un lanzallamas con su alumnado o con sus progenitores), sino porque entre preparar clases, reuniones con padres y madres, claustros, corregir trabajos y exámenes y hacer papeleo, los profesores y profesoras de este país trabajan muchísimas más horas de las que cobran. Y a quien se atreva a decir que tienen dos meses de vacaciones, le voy a dejar claras dos cositas: la primera es que eso serán los de la pública, porque los de la privada y los de la concertada (tan aclamada por gran parte de la población y por muchos politicuchos) se van al paro todo el verano y le ponen una velita a san Darwin para que les vuelvan a llamar en septiembre. Lo segundo, es que si los profes de la pública no tuvieran dos meses de vacaciones entonces sí que sacarían el lanzallamas con todo bicho viviente y le gritarían «¡¡Drakarys!!» a cualquier padre o madre que le dijera aquello de «son cosas de críos» o «en casa se porta bien». Además de que trabajan mucho más de lo que deberían por contrato, dar una sola hora de clase es absolutamente matador. Imaginad cuatro o cinco cada día. Uff.

Total, que yo hice las prácticas del máster dando clases en un instituto de Carabanchel. Barrio obrero del sur de Madrid famoso por su antigua cárcel, por Manolito Gafotas y porque es adonde se está mudando toda la juventud que ya no puede pagarse un piso en el centro de Madrid. Allí descubrí muchas cosas, pero la más importante fue que eso que me decía la gente de «con lo bien que te explicas, vas a ser un profesor maravilloso» era una soberana tontería. Porque lo importante cuando das clase a treinta alimañas que están hasta las cejas de hormonas sexuales, feromonas y factores de crecimiento no es que te expliques bien o mal, sino mantenerlos controlados para que puedan atender durante tres minutos seguidos. Se consigue, eh, pero es agotador. También aprendí que echar la bronca es bastante divertido y tiene más de *acting* que de enfado real. Porque, seamos realistas, todos los que hemos tenido una juventud normativa, hemos vivido en una residencia de estudiantes, nos hemos ido de Erasmus o hemos hecho cosas como fabricar lanzallamas con desodorante o considerar el carrito de la compra como un medio de transporte apropiado para personas beodas, tenemos poca autoridad moral como para enfadarnos de verdad cuando un adolescente que huele a anchoas con camembert y que lleva una hora tratando de entender qué es un coseno le tira bolitas de goma de borrar a su amigo que es más aparato dental que ser humano.

Pero, y ahora dejo de enrollarme, lo que me sorprendió más de mi aprendizaje fue ver cómo a los más jovenzuelos, a esos alumnos y alumnas de primer curso de la ESO, hay que controlarles un poco la imaginación. Que imaginar es una maravilla y que no hay que cortarle las alas de la imaginación a nadie, pero es que como en clase se lo permitas se montan unos follones... Os aseguro que hacen preguntas y comentarios que nada tienen que ver con lo que estáis estudiando. Por ejemplo, una mañana estaba explicando las adaptaciones de los cactus a la vida en el desierto y un alumno levantó la mano y me dijo: «Existen tres tipos de tortugas: las de agua, las de tierra y las de no me acuerdo. Pero las más peligrosas son las de agua porque pueden comerse una salchicha entera». Y bueno, es nombrar cualquier especie animal y entran en su género de debate favorito que es el de peleas de animales. Que si cocodrilo contra tiburón, lobo contra pantera o el que me enganchó hasta a mí: tigre contra gorila.

¿Y por qué os cuento todas estas aventuras escolares en un libro de biología? Pues porque una de las situaciones más surrealistas que viví fue un debate sobre híbridos, que surgió porque un alumno me preguntó si un lobo y un ciervo podrían tener hijos. Enseguida se estableció una controversia absolutamente lisérgica que evocaba en la mente escenas que parecían de una peli de David Lynch. Pensad que, aunque no lo parezca por lo que se oye en los medios sobre la juventud, los preadolescentes no tienen demasiada idea de cómo se hacen los bebés ni de cómo funciona la reproducción. Es lo que pasa cuando las nuevas generaciones tienen acceso al porno pero no a la educación sexual, que se creen que un ciervo y un lobo pueden hacer un cierlobo y cada razonamiento que les das tú para refutarlo les lleva a una nueva idea más escabrosa.

¿Pueden tener hijitos un ciervo y un lobo? Pues no, siento desilusionaros, pero las especies que están muy alejadas en el árbol de la evolución, aquellas cuyo último antepasado existió hace millones y millones de años, no pueden hibridarse por una razón científica de peso: se parecen lo que un huevo a una castaña. En el caso de un ciervo y un lobo, un chimpancé y un cocodrilo o una vaca y un humano es que ni siquiera se podría dar el apareamiento por las puras leyes de la mecánica. Bueno, en alguna mente retorcida sí. Pero la asquerosidad que saliera de allí no permitiría la correcta entrada del esperma en la hembra. En el caso de especies más próximas como, yo qué sé, un chimpancé y un humano, los gametos (las células sexuales) no podrían unirse. Los espermatozoides y los óvulos tienen en su superficie pequeñas moléculas que funcionan casi como piezas de un puzle y que permiten su unión. Pero si esas piezas no encajan, nanai del peluquín. Así que los fans del bestialismo pueden estar tranquilos, porque los humanos no tenemos parientes vivos lo suficientemente parecidos a nosotros como para que los gametos sean compatibles y pueda darse un embarazo.

Existen algunas especies en las que sí se puede llegar a la fecundación cuando hay marranerías, pero que no llegue a nacer la criaturita. Por ejemplo, una llama y un camello, ambos de la familia de los camélidos, pueden llegar a crear un embrión, pero este es incapaz de adherirse a la pared del útero porque la superficie del embrión y del útero no son compatibles. Esas fichas de puzle no pueden unirse.

Pero algunas especies sí que pueden llegar a reproducirse y a generar híbridos, que son unos seres maravillosos para entender todo ese follón que os he explicado sobre la meiosis y los cromosomas homólogos. Por ejemplo, ¿cuál es el híbrido más famoso? ¡La mula! Entre que lleva usándose como animal de trabajo desde hace miles de años (en Egipto ya araban los campos hace 5.000 años) y que son uno de los secundarios más relevantes del Belén, todos podemos tener a ese bichejo en mente.

Las mulas y los mulos son el fruto del cruzamiento de una yegua y de un burro. Ojo, muy importante respetar esa combinación de sexos, porque si el cruce es entre un caballo y una burra lo que saldrá es un híbrido completamente distinto: un burdégano. Las mulas y los mulos son parecidos a un burro grande, una mezcla perfecta entre el cuerpo grande y estilizado del caballo pero con la fuerza y el buen carácter del burro. En cambio el burdégano es una especie de caballo rechoncho que está más salido que el pico de una mesa. Pero tanto mulas como burdéganos tienen una cosa muy importante en común: son HÍBRIDOS ESTÉRILES. Porque los animales híbridos son todos estériles, que eso lo sabe to quisqui, ¿a que sí? Pues no. Es una creencia infundada más falsa que la de que si te tragas un chicle luego haces globitos con el culo al tirarte pedos. Es más, yo recuerdo a algún profe de primero de biología hablar de los híbridos como seres estériles. Y nada de eso. Hay híbridos estériles y hay híbridos fértiles, y es algo que depende de ese tinglado de los cromosomas homólogos y la meiosis.

¿Por qué las mulas y los burdéganos son estériles? Porque los caballos tienen 64 cromosomas y los burros 62. Recuerda que te he contado hace nada que para formar gametos, es decir, espermatozoides y óvulos en el caso de la mayoría de animales, se tienen que juntar los cromosomas por parejas, se entrelazan y se intercambian trozos. Como los burros y los caballos no tienen el mismo número de cromosomas, pues no pueden ponerlos a bailar en parejitas ni repartirlos equitativamente a lo largo de las divisiones de la meiosis, así que no consiguen formar células sexuales.

Hay otros híbridos que son estériles porque no tienen el mismo número de cromosomas, como los zebroides, que son los hijos de un macho de cebra, con sus 44 cromosomas, y la hembra de cualquier otro équido, que puede ser perfectamente una yegua con sus 64.

Aunque esto puede ser un follón máximo cuando hablamos de plantas en vez de animales, porque las plantas pueden replicar todos sus cromosomas, pasar a tener 4 de cada uno en vez de 2 y entonces formar híbridos que sean fértiles. Un movidote que es otro claro ejemplo de cómo las plantas, aunque a veces no nos fijemos mucho en ellas porque no se mueven, tienen una genética muchísimo más compleja y flexible que la de los animales.

Pero volviendo a los animales híbridos, otros que son bastante liantes son los ligres, unos pedazo de felinos que pueden llegar a pesar hasta cuatrocientos kilazos y que surgen de la hibridación entre un león y una tigresa. Y son liantes de la genética por dos motivos. El primero es que tigres y leones sí que tienen el mismo número de cromosomas. Concretamente 38 (por cierto, igual que los gatos), pero, a pesar de ello, los ligres macho son siempre estériles y las hembras no suelen ser demasiado fértiles. Aunque sus cromosomas puedan hacer el bailecito de la meiosis, la combinación de los genes de tigre y león escachufla la producción de esperma. Digamos que los genes que controlan la producción de «soldaditos del amor» de tigres y leones dan información contradictoria a sus huevecillos. Pero hay algo más en la genética de estos híbridos que nos puede dejar locos de atar. Como te he dicho antes, los ligres son enormes. Pueden llegar a medir tres metros y medio sin contar la cola. Eso es más que un coche. Esto se debe a que son la combinación entre una tigresa y un macho de león, pero el gen que inhibe (que para) el crecimiento en los tigres se hereda por vía paterna y el que lo inhibe en los leones por vía materna. Porque sí, los animales tenemos genes que nos dicen que paremos de crecer y el mío debió de activarse bastante temprano. Aunque gracias a eso no estoy gordo como un truño porque le pido a mi novio que me esconda los cacahuetes y las galletas en la balda más alta del armario de la cocina. Como te decía, los pobres ligres no tienen genes que paren su crecimiento, y crecen toda su vida. Bueno, no tienen genes que paren el crecimiento de su cuerpo, porque las patas sí que dejan de crecer. Según van envejeciendo, su cuerpo va pareciendo el de un perro salchicha que apenas puede tenerse en pie. De hecho, existe otro posible híbrido por el cruce entre estas especies, el tigrón o tigón, que es el fruto de una noche de pasión entre un tigre y una leona y que, al contrario que el ligre, es delgaducho, desgarbado, tiene las patas largas y apenas alcanza los 180 kg.

Ni los ligres ni los tigrones surgen en la naturaleza. Hace décadas que apenas se solapan las regiones donde viven los tigres y los leones asiáticos. Pero, además, los tigres son más de bosque y los leones de sabana. Estos híbridos, sobre todo los ligres, han sido creados por la acción humana para atraer público a los circos debido al enorme tamaño de los ligres. Esos pobres seres gigantes han tenido que vivir sobre esas patitas enanas solo para llenar los bolsillos de unos pocos y para deleitar a un público que todavía no está del todo concienciado con que los animales no son un entretenimiento y que son seres sintientes que deben estar en su entorno.

Pero vamos ahora con los híbridos fértiles, porque los hay y algunos son bastante guais. Unos que me flipan son los beefalos. *Beef* significa ternera en inglés y búfalo es la forma en la que llaman a los bisontes en Norteamérica. Como te puedes imaginar, los beefalos son el producto de la hibridación entre bisontes americanos y vacas. Este

tipo de animales comenzaron a criarse en torno a la década de 1880, cuando los ganaderos de las grandes llanuras
estadounidenses buscaban una fuente de carne que tuviera la resistencia al duro clima de las llanuras que tenían
los búfalos y la capacidad de las vacas de reproducirse
como si no hubiera un mañana. Como ambas especies
tienen 60 cromosomas, el cruzamiento funcionó más o
menos bien. Con algunos problemillas de fertilidad en
algunos casos, pero no lo suficientemente importantes
como para evitar que a día de hoy los beefalos sean un
desastre medioambiental en zonas como el Parque Nacional del Gran Cañón del Colorado, donde estas bestezuelas
devoran los pastos, destrozan suelos, derriban árboles y
se hibridan con los bisontes salvajes.

Otros híbridos fértiles son fruto de los terribles efectos
que está teniendo el cambio climático sobre los ecosistemas árticos. En el norte de Canadá y en Alaska viven los
osos grizzly, esos enormes plantígrados de Norteamérica que puede que hayas visto en documentales o que te
han hecho cagarte de miedo en películas como *El renacido*, donde el pobre Leonardo DiCaprio se encuentra con
una osa que lo deja como si hubiera pasado por la máquina de lonchear de la charcutería. Los osos grizzly son una
subespecie de oso pardo cuyos ejemplares pueden llegar
a superar los 500 kg. Son tan mostrencos que su propio
nombre científico ya lo indica claramente: *Ursus arctos
horribilis*. No sé tú, pero yo a un bicharraco de media tonelada que se apellida *horribilis* como que no me acerco...
Estos ositos tan monos están desplazando su hábitat cada
vez más hacia el norte debido al calentamiento global.
Buscan tierras más fresquitas, no solo por la temperatura
en sí, sino porque muchos de los animales y plantas de los
que se alimentan también se están desplazando hacia el

norte. Por otro lado, tenemos a los osos polares, el mayor depredador terrestre de la actualidad. Un animal acostumbrado a una vida tan dura y extrema que el canibalismo es absolutamente normal entre ellos y que incluso consideran a los seres humanos como una presa (algo que el resto de las especies suelen descartar porque saben que las armas de fuego son un asunto a evitar). Sin embargo, la vida de los osos polares es cada vez peor debido a los desajustes estacionales causados por el cambio climático. Fíjate, los osos salen de la hibernación cuando llega la primavera en un momento muy muy concreto: cuando la capa de hielo que cubre los mares de la zona es lo suficientemente gruesa como para aguantar su peso, pero lo suficientemente fina para que puedan destrozarla a toda velocidad cuando pasan focas por debajo y también para que las propias focas puedan hacer agujeros para salir a respirar, donde los osos esperarán pacientemente a su futura dosis de grasa. El problema es que, debido al cambio climático, la primavera se adelanta y cuando los osos salen de la hibernación la capa de hielo es demasiado fina para ellos y no pueden cazar focas en un momento en el que están famélicos perdidos y en el que necesitan una fuente de grasa ya mismo. Que dirás, «oye, pues que no sean vagos, que se despierten de la hibernación antes y que salgan de la cueva en cuanto llegue el calorcito». No es tan fácil, porque las osas polares dan a luz a sus oseznos durante el invierno y no pueden salir de su guarida antes porque los oseznos no están preparados. Total, que la vida de los osos polares ha pasado de ser durísima a ser un suplicio. Pero la vida se abre camino, y algunas poblaciones de osos se están yendo más hacia el norte (cosa bastante lógica si cada vez hace más calor), pero otras están haciendo algo más raruno: viajar hacia el sur. Allí buscan nuevos territorios en los que encontrar alimentos que no les hagan tan dependientes del hielo.

Así que los osos grizzly se van hacia el norte y algunos osos polares se van hacía el sur, provocando que sus territorios se solapen cada vez más. Y eso lleva al conflicto, pero también al amor. Porque cada vez son más habituales los híbridos fruto del amor entre osos grizzly y osos polares. A estos animales se los conoce como osos grolar, y son un bichejo con características intermedias entre ambos. Pero lo que más nos atañe en este capítulo: los osos grolar son fértiles. Esto se debe a que los osos polares y los osos grizzly tuvieron un antepasado común hace tan solo medio millón de años, por lo que son bastante parecidos y ambos tienen 74 cromosomas, por lo que pueden hacer parejitas de cromosomas arrechuchados para formar espermatozoides y óvulos.

Es más, ya se han encontrado muchos osos grizzly cuyo ADN revela que sus abuelos, bisabuelas o tatarabuelos eran osos polares. En esas zonas hay muchos más osos grizzly que osos polares y es normal que esos híbridos terminen emparejándose con osos grizzly y que los genes de oso polar se vayan diluyendo generación tras generación hasta tener un bichejo que es más grizzly que otra cosa y que tiene poquitos genes polares. Peeeero, esos genes pueden ser muy pero que muy importantes. ¿Por qué? Porque nuestra amiguita la selección natural siempre está ahí para dejar su huella. Y esta picaruela ha favorecido que en los osos grizzly que han tenido antepasados polares no se fijen unos pocos genes al azar, sino aquellos que aumentan sus posibilidades de sobrevivir. Genes que les dan características que les ayudan a pescar en el mar. Características como zarpas y hocicos más largos.

A este proceso se le llama en biología introgresión, cuando una especie le transfiere genes a otra a través de un proceso de hibridación seguido por la reproducción continua con individuos de la población receptora. Y esto de la introgresión nos atañe bastante a ti y a mí, porque esta historia de amor entre especies en la que una termina teniendo más posibilidades de sobrevivir a un mundo cambiante gracias a los genes de otra nos pilla muy de cerca, porque nosotros y nosotras, en cierta forma, también somos híbridos.

Hace unos 50.000 años, los humanos modernos, es decir, los *Homo sapiens* como nosotros que habitaban Europa, se enfrentaban a un nuevo mundo. Claro, una gente que acababa de llegar de África hacía unos pocos siglos no estaba hecha para una Europa congelada que estaba en plena glaciación. Pero durante miles de años, nuestros antepasados se fueron hibridando con los neandertales, esos seres tan listos y humanos como nosotros, pero que eran rudos, anchos y muy bien adaptados al frío. Hay que aclarar que los neandertales no son nuestros antepasados directos, sino unos primos cercanos en el árbol de la evolución humana. Sus antepasados dejaron África y se fueron a Europa y Asia cientos de miles de años antes que nuestros antepasados. Así que evolucionaron hacia una especie adaptada a las penurias del frío. Solo decirte que algunos de sus antepasados vivieron en Atapuerca y que eso está en Burgos y todos sabemos que en Burgos solo hay dos estaciones: el invierno y la de tren. Los neandertales eran gente ancha, bastante más cachas que nosotros, con un esqueleto que parece eso un tanque y una capacidad craneal algo mayor que la nuestra. Fuertes y listos, la pareja perfecta. Eran un poco feos, pero quién no ha tenido un ligue gamba, de esos que se aprovecha todo menos la cabeza. Normal que nuestros antepasados *sapiens* se cruzaran con los y las neandertales.

Y cuando digo que se cruzaron no me refiero solo a que se cruzaran sus caminos. Me refiero a que se hibridaron, a que se liaron, a que hicieron cositas de mayores. No sabemos si por amor, por vicio o porque no había mucho donde elegir en las llanuras congeladas de Eurasia. Que igual aquello era más triste que el Tinder cuando vas en verano a tu pueblo. Pero sabemos que durante mucho tiempo hubo cruzamientos entre neandertales y sapiens y que eso ha llevado a que los humanos tengamos entre un 1 por ciento y un 4 por ciento de ADN neandertal en nuestras células. Si eres una persona originaria de África, seguramente menos o incluso nada, pero si tu origen es europeo o asiático, tendrás un buen trocito de nuestros primos lejanos en tu ADN.

Y esa pequeña parte neandertal que llevamos dentro no son cuatro genes tontos al azar. Al estudiar esos genes, los científicos y científicas han visto que la selección natural ha hecho de las suyas y que los genes que se han salvado pudieron ayudarnos a sobrevivir a ese nuevo mundo que era Eurasia. Entre esos genes se encuentran algunos que contribuyen al almacenamiento y al metabolismo de la grasa, así como a la formación de las fibras de queratina del pelo, así que pudieron hacer que nuestros antepasados se adaptaran al frío. También hay genes relacionados con el funcionamiento de las células T, un tipo de glóbulos blancos que luchan contra los patógenos. Es decir, que esos genes también pudieron contribuir a adaptarse a los nuevos virus y bacterias que nuestros antepasados se encontraron.

O sea, que la introgresión es una cosa divina y que esos polvetes prehistóricos fueron muy muy rentables para nuestra especie.

REYES DEL PRIMEO Y DEL SOBRINEO

No me equivoco al afirmar que gran parte de lo que has leído durante las últimas páginas es una oda a la diversidad genética, un elogio a la importancia de que nuestros genes, y nosotros mismos, seamos diferentes y variados. Ahora, ¿qué pasa cuando los genes se repiten más que un yogur de morcilla? Pues que tenemos un problema real. Pero no real de verdadero, real de la realeza, de la corona, de los bailecitos rufufú y hasta de la viabilidad de un imperio.

Vamos a hablar de los Austrias. ¿Te suenan de las clases de historia? Espero que sí: el imperio en el que nunca se pone el sol, la Armada Invencible, el Siglo de Oro, la guerra de sucesión... Los Austrias, o los Habsburgo, es el nombre que recibe la dinastía que reinó en la Monarquía Hispánica entre los siglos XVI y XVII, antes de la llegada de los Borbones. Para que nadie se pierda, con Monarquía Hispánica me refiero a lo que ahora es España y sus antiguas colonias, pero en aquellos tiempos todavía no se llamaba España. La dinastía de los Habsburgo se inaugura con la coronación de Carlos I en 1516 y termina en 1700 con la muerte de Carlos II. Aunque parezca capicúa porque empieza en Carlos y termina en Carlos, hubo cinco reyes de los Austrias durante estos casi 200 años: Carlos I, Felipe II, Felipe III, Felipe IV y Carlos II. Madre mía, más capicúa todavía. Se ve que no se rompieron el coco con los nombres. Como este no es un libro de historia y les tengo demasiado respeto a historiadores, historiadoras y gentes del mundo de la arqueología (básicamente porque mis padres son de esas gentes), te diré simplemente que a nivel histórico durante esta dinastía se aupó el gran Imperio español y también comenzó a hundirse con tanta fuerza como lo hizo la Armada Invencible de Felipe II.

Así que vamos ya con la biología, porque también podemos resumirla en un hecho poco discutible: si coges los retratos de los cinco reyes Austrias y los pones en orden, cada uno es más feo que el anterior. No es una exageración ni un chiste republicano, es un aviso para navegantes de lo que puede suceder cuando te pasas dos siglos montando bodas entre primos, tíos y sobrinas y hasta dobles primos.

Te recomiendo ahora que busques un retrato de algún Austria. Yo creo que alguno de los Felipes te puede valer, pero si quieres fastidiar la sorpresa y ver clarito de lo que te voy a hablar, escoge a Carlos II. Durante su dinastía, los Habsburgo españoles fueron acumulando malformaciones faciales de tal manera que han llegado a formar parte de la terminología médica de varios problemas maxilofaciales. Por ejemplo, en cualquiera de los retratos puedes apreciar que los Austrias tenían una mandíbula muy prominente y que sobresalía por delante de la cara. Vamos, que los reyes Habsburgo tenían cara de váter. A ese problema se le llama prognatismo mandibular, pero en la jerga de la cirugía maxilofacial se le conoce también como «mandíbula Habsburgo». Por si fuera poco, también tenían el labio inferior evertido, lo que hacía que pareciera que siempre estaban poniendo morritos como si se estuvieran haciendo un selfi para alguna *app* de ligoteo un poco choni. Un tipo de malformación conocida en el lenguaje médico como (oh, sorpresa) «labio Habsburgo». Y para completar el trío de taritas, los pobrecillos también gozaban de unos huesos maxilares poco desarrollados que provocaban que tuvieran la nariz con una prominente joroba dorsal y la punta colgante. ¿Adivinas cómo se le llama a esa condición? Si has dicho «nariz Habsburgo», has acertado.

Los Austrias se dedicaron a acumular el poder en media Europa gracias a los matrimonios consanguíneos. Una forma fina de decir que se frungían a primas, tíos, sobrinas y lo que hiciera falta con tal de no meter a nadie nuevo en la familia. Si el lema de los Lannister de *Juego de tronos* era: «Los Lannister siempre pagan sus deudas», el de los Habsburgo debió de ser el famoso dicho: «Cuanto más primo, más me arrimo». Así, a la vez que acumulaban poder, iban haciendo lo mismo con una genética imposible que tuvo su apogeo en el bueno de Carlos II, un pobre hombre con una salud pochísima tanto a nivel físico como mental, y del que el propio embajador francés dijo que asustaba de feo que era. Tal era su acúmulo de taritas físicas y de problemas cognitivos y neurológicos que ha pasado a la historia como el Hechizado. Es más, hasta él mismo llegó a creer que lo estaba.

El árbol genealógico de Carlos era especialmente repugnante: su padre era tío de su madre, por lo que sus abuelos paternos eran a la vez sus bisabuelos maternos. Sus abuelos eran los mismos que los de su madre (y su abuelo ya tenía un nivel de consanguinidad equivalente al hijo de dos hermanos). Hay que decir que este linaje nauseabundo tenía sus ventajas. Por ejemplo, los padres de Carlos II, que eran Felipe IV y Mariana de Austria, no tenían problemas con las suegras: la suegra de su padre era su propia hermana, y la suegra de su madre era su propia abuela, todo era precioso y muy familiar. ¿Te has liado? Ellos también, jaja. Después de darle tan duro al primeo y sobrineo, la naturaleza gritó: ¡¡Basta!! Y Carlos no pudo tener descendencia.

Ninguna de sus dos esposas se quedó embarazada porque la endogamia lo había hecho estéril. Bueno, no solo a ser estéril, sino que parece que ni siquiera pudo llegar a consumar su matrimonio porque sus problemas hormonales le llevaron a tener un micromicromicropene que no era funcional. Aunque hay que decir que no ha sido el único rey con problemas reproductivos debidos, probablemente, a la consanguinidad. Fernando VII, que ya era Borbón, tenía el problema contrario: su miembro viril era tan enorme que no podía ponerlo duro. Para engendrar un heredero, el personal de la corte tenía que ayudarle a penetrar a la reina guiando su pene con las manos y empujándolo mientras varios clérigos le santiguaban los genitales. Además, tenían que ponerle una toalla alrededor de la base del pene para que hiciera de tope y no dejara a la reina como una sardina en un espeto. Pero volvamos al bueno de Carlos II. No poder tener hijos es un drama para muchas personas, pero cuando se trata del rey de un imperio en declive y rodeado de enemigos, no tener un vástago es sinónimo de guerra. Y así pasó: en 1700 Carlos II murió sin descendencia, lo que desembocó en una guerra por el trono español que duró doce años y que terminó con los Borbones como nueva dinastía gobernante y con, entre otras cosas, la cesión del peñón de Gibraltar a los ingleses. Así que todos los dramitas que tenemos los españoles con Gibraltar son culpa del pito gurrumío del último rey Austria.

La herencia de sus predecesores fue una nación en crisis y unos niveles de consanguinidad que no solo le causaban problemas reproductivos o ser tremendamente feo. El último Austria era muy bajito por un déficit de la hormona pituitaria, tenía problemas renales y era epiléptico. Eran tantos sus males que seguramente lo conozcas más por su apodo de el Hechizado. Pero lo más chungo es que en esa sociedad tan religiosa (él mismo era un meapilas de primera división) se tomaron sus ataques como un signo de posesión demoníaca y recibió continuos exorcismos que incluían prácticas tan sanas e higiénicas como lanzarle tripas de pollo o la aplicación de enemas con zumo de ciruela. Antes de volver a la biología, te recomiendo que leas más sobre Carlos II, un rey bastante maltratado por la historia y que, a pesar de una salud de chichinabo, una discapacidad intelectual, y haber perdido al amor de su vida siendo muy joven, tuvo que comerse con patatas una nación hecha unos zorros por sus predecesores y, aun así, tuvo uno de los reinados con más paz interna y con un mayor auge de la cultura y de la ciencia.

Venga, vuelvo a la ciencia y a mi oda a la diversidad genética. ¿Por qué narices es tan chunga la consanguinidad? ¿Por qué si tienes hijos con tus primas o te casas con tus sobrinos se puede liar parda y acabar con nietos cara váter? Como te expliqué al hablar de la meiosis, nosotros tenemos dos copias de cada gen, una de papá y otra de mamá, y a veces una de esas copias está defectuosa. Pero no pasa nada, porque tienes la otra copia que te hace un poco de salvavidas. El problema es que las copias pochas suelen ser propias de una familia, así que si te reproduces con tu pariente es muy fácil que tengáis un hijo con las dos copias defectuosas. Y en el caso de alguien como Carlos, con 200 años a sus espaldas de incestos, puedes acumular decenas e incluso cientos de genes de los que tengas dos copias pochas.

Los genetistas y quienes estudian árboles genealógicos utilizan un número llamado índice de consanguinidad para conocer el nivel de endogamia de un individuo. Es un número que establece la probabilidad de tener las dos copias de un gen idénticas. En la mayoría de los humanos ese índice es de casi 0, pero fíjate el percal genético de los Austrias que el primero de ellos, el emperador Carlos I, tenía un índice de 0,025 y eso ya se considera bastante alto. Pero es que Carlos II tenía un 0,254, un nivel de consanguinidad equivalente al hijo de dos hermanos o el de un padre y una hija o viceversa. Un índice conseguido a base de dos siglos de usar las cenas familiares como local de ligoteo. Ese índice cercano 0,25 significa que el 25 por ciento de sus genes (para los de la LOGSE, 1 de cada 4) tenían las dos copias iguales. Eso le dio muchísimas papeletas para tener algún desorden genético y los estudios actuales sugieren una combinación bastante chunga: la deficiencia de la hormona pituitaria y acidosis tubular renal distal, dos condiciones que, unidas a otras que no conocemos todavía y a sus malformaciones, causaron que tuviera una existencia bastante horrible.

Si te ha dado cosica la salud de Carlos II y un poco de asquete el sexo entre parientes, no tengas un perro de raza en la vida. A los perros de raza pura, esos que son hijos de campeones, sementales y tonterías similares se les suele llamar «perros con *pedigree*», y el *pedigree*, aunque no lo parezca, no es una palabra del mundillo de los perros pijos. Es el nombre que se utiliza para denominar a la genealogía de un individuo, a su árbol genealógico. Se puede usar no solo para determinar el origen de un individuo o para estudiar la historia de una dinastía de reyes, sino también para examinar una enfermedad hereditaria. Cuando se habla de un perro con *pedigree*, en realidad se está hablando de un animalito con un árbol genealógico tan chungo como el de los Austrias. Es más, la historia de las razas de perros es una historia muy turbia de endogamia e índices de consanguinidad disparados. ¿Cómo te crees si no que hemos pasado de los lobos a los carlinos? ¿Sabes cuáles son, no? Esos perritos que son monísimos y supermajos, pero que casi no pueden respirar y que es muy difícil saber cuál es la cabeza y cuál el culo. Los carlinos son el Carlos II de los perretes.

III
LA DIFÍCIL DETERMINACIÓN DEL SEXO

EL PADRE DE NEMO

esde el punto de vista de la biología, *Buscando a Nemo* está fatal. Vale que es un peliculón y que nos ha traído momentazos como Anabel Alonso hablando en balleno al doblar al personaje de Dori. Copón, hablando de Dori, ese personaje también nos ha dejado ese mantra de autoayuda de «sigue nadando, sigue nadando». Puede que a mucha gente le pasara desapercibida esa frase y se la tomase como una tontería más de esa pobre pez sin memoria, pero es un canto a la resiliencia y yo me lo aplicaba cada vez que me daba la bajona durante la escritura de la tesis.

Pero volvamos con *Buscando a Nemo*. ¿Por qué científicamente hablando esa peli no está bien? Aparte de que los peces hablen o de que haya tiburones veganos, este peliculón nos muestra una familia de peces payaso que nada tiene que ver con la realidad. Por si alguien no la ha visto o no se acuerda, os voy a contar la premisa pero sin haceros *spoiler*, que esto son los primeros dos minutos. Al principio aparece una familia de peces payaso formada por mamá pez, papá pez y varios huevitos bien protegidos dentro de una anémona, que son unas criaturas del mar un poco venenosas pero a cuya ponzoña son inmunes los peces payaso, por lo que se meten entre sus tentáculos para protegerse de otros bichos. Todo es paz y amor hasta que llega un pez que es más malo que un chiste de Arévalo y se carga a la madre y a todos los huevitos menos uno, del cual nace Nemo, un pez muy cuqui y que va a ser el ojito derecho de papá pez, que ahora dedicará su vida y su energía a cuidar del único miembro que queda de la familia. Snif snif, si es que ya da penita de contarlo. Y esta premisa tan tierna y tan lacrimógena no se ajusta a la realidad porque en la vida real el padre de Nemo se habría convertido en su madre.

¿¡Cómor!? Pues sí, los peces payaso viudos cambian de sexo. Os voy a explicar cómo va esta movida. Estos animales tienen una estructura social loquísima basada en jerarquías y cambios de sexo. Viven en pequeños grupos en los que solo hay una hembra reproductora, un macho reproductor y varios machos juveniles más pequeños que no se reproducen. La hembra reproductora es el pez de mayor tamaño (el pezón, jiji), el macho reproductor es el segundo pez más grande y el resto son juveniles que están por ahí pululando. Viven todos juntos entre las anémonas y la hembra es la dominante, la que manda, la que corta el bacalao. Y lo hace gracias a que los peces payaso tienen unas formas de interacción social muy complejas y se comunican con clics y chasquidos de la boca y por movimientos corporales. Vamos, que más que payasos son mimos. Y aquí viene la miga: si la hembra reproductora muere o desaparece, el macho más grande (el macho reproductor) cambia de sexo y se convierte en la nueva hembra. Entonces, el siguiente macho más grande de los machos juveniles asciende a la posición de macho reproductor.

Esto quiere decir que todos los peces payaso nacen como machos, pero en determinadas situaciones relacionadas con su sociedad, pueden convertirse en hembras. A este fenómeno se le llama hermafroditismo secuencial protándrico, y es una pasada. Los peces payaso pueden llevarlo a cabo porque nacen tanto con tejido ovárico como con tejido testicular. Al principio de su vida, solo está activo el tejido testicular, por lo que son machos funcionales. Sin embargo, cuando un macho reproductor pierde a su hembra la mandamás, se empiezan a producir cambios hormonales en su cuerpo que inactivan el tejido testicular y activan el ovárico. Eso sí, este cambio de sexo es absolutamente irreversible.

Que sea el macho más grandote el que se convierta en la nueva hembra reproductora del grupo tiene mucha lógica, porque cuanto más grande sea una hembra, más huevos podrá producir. Esto es algo muy similar a lo que les sucede a algunas especies de ostras, esa especie de baba o moco grisáceo y repulsivo que se comen viva los ricachones pitopáusicos con la esperanza de que sea cierta la leyenda de que tengan propiedades afrodisíacas. Que ya hay que ser cafre para comerse un animal vivo y torturarlo echándole limón encima, pero hay que ser más cafre todavía para hacerlo con el objetivo de que se te ponga la picha morcillona. Total, que en muchas especies de ostras también se da el hermafroditismo secuencial protándrico. Empiezan su vida siendo machos y, cuando alcanzan cierto tamaño, se convierten en hembras. Lo hacen por una cuestión de eficiencia energética a la hora de reproducirse. Como os conté al principio del libro, producir espermatozoides es baratísimo en términos de consumo de energía en comparación con crear óvulos. Recuerda el ejemplo de los humanos, en los que las mujeres producen un óvulo cada 28 días mientras que los hombres producimos millones de espermatozoides al día y los vamos desechando en cualquier calcetín apestoso. Si crear un óvulo humano es caro y costoso, imagina una ostra que tiene que producir varios miles y que encima son en forma de huevos, con sus reservas para que el bichillo se desarrolle ahí dentro y todo. Ese es un esfuerzo demasiado grande para una ostra pequeña. Por eso muchas de ellas nacen como machos y se vuelven hembras cuando se han hecho grandotas. De jóvenes, siendo un poco chiquitajos, los machos de ostra pueden invertir un poco de energía y recursos en crear el barato y asequible esperma. Eso sí, producen a montones, que como viven ancladas a la roca tienen que lanzarlo a chorros por el mar con la esperanza de que encuentren algún huevo al que fecundar. Cuando el señor ostra ha crecido lo suficiente como para poder invertir bien de energía en generar huevos, ¡¡chas!!, cambia de sexo y se convierte en la señora ostra.

No te creas que el hermafroditismo secuencial siempre funciona de macho a hembra. Lo opuesto al hermafroditismo secuencial protándrico es el hermafroditismo secuencial proterogínico, en el que un organismo comienza su vida como una hembra y termina convirtiéndose en un macho. Esto les pasa a especies como los peces limpiadores y los peces loro, pero también a unos bastante tochos que seguramente hayas comido alguna vez: los meros. El mero común (*Epinephelus marginatus*) es un pedazo de pez que puede llegar a medir metro y medio, pesar 70 kilos y vivir medio siglo. A pesar de ser un habitual de la gastronomía española, es una especie en peligro de extinción y es muy vulnerable a la sobrepesca. Y esa vulnerabilidad se debe, en parte, a su hermafroditismo secuencial. Al contrario que los peces payasos o que las ostras, los meros empiezan su vida como hembras. En torno a los cinco años alcanzan la madurez sexual y, aunque sean pequeñitas, ya ponen huevos sin problemas. Sin embargo, cuando tienen entre nueve y dieciséis años, son lo suficientemente grandes como para cambiar de sexo y convertirse en machos. Este sistema está muy bien porque, puesto que no todos los meros van a llegar a vivir lo suficiente para volverse machos, habrá menos machos que hembras. ¿Para qué tener mitad machos y mitad hembras? ¿Para que los machos se estén pegando y al final se reproduzcan unos pocos? Mejor tener más hembras y unos pocos machos. ¿Inconveniente de este sistema? Pues los humanos... Porque la pesca del mero suele centrarse en los más grandes, y se suele pescar a los machos. Eso hace que en muchas poblaciones desaparezcan los machos y haya problemas para que la especie se reproduzca. Es cierto que cuando no hay machos en la zona las hembras más grandes pueden cambiar de sexo, pero si la presión pesquera es demasiado alta terminan sin poder reproducirse por el simple hecho de que no se pueden reponer los machos al ritmo adecuado, termina feminizándose la población y se impide la reproducción. Mera biología. Chistaco...

EL HONGO CON MILES DE SEXOS

e vais a disculpar porque cada uno tiene sus dramitas y sus cosas, pero al menos no sois un hongo. Ser un hongo no es nada fácil. Primero, porque todo el mundo se olvida de tu reino biológico y la gente no se acuerda de tu existencia hasta que no sabe qué echarle a la tortilla o qué ingrediente extra ponerle a esa *pizza* que luego va a destrozar echándole salsa barbacoa o esa aberración culinaria conocida como rulo de cabra, que esa porquería es el kétchup de los quesos. ¡¡Pero si sabe como huelen las cabras!!

Segundo, porque los hongos se alimentan mediante digestión externa. Por ejemplo, el moho que le sale a la comida cuando eres un berzas y no calculas bien la compra no tiene ni boca ni dientes ni nada, así que lo que hace es expulsar al exterior de su cuerpo un montón de enzimas que digieren el alimento, lo convierte en un *puresito* y va absorbiendo los nutrientes a través de todo su cuerpo. Es como si tú para comerte una *pizza* vomitaras jugos gástricos sobre ella, esperaras a que se fuera quedando blandurria y luego restregaras todo tu cuerpo por esa *pizza* vomitada.

Pero no es solo la indiferencia de los seres humanos o llevar una de alimentación estéticamente cuestionable lo más duro de ser un hongo, sino que encima llevan una vida complicadísima y poseen una reproducción rara rara rara que te va a hacer admirar hasta a las setitas que salen en las boñigas de las vacas o a ese moho negro que sale en el techo del baño y que parece el pecho peludo de David Hasselhoff en *Los vigilantes de la playa.*

Pongamos el ejemplo de una seta. Un champiñón salvaje que vive en un campito a las afueras de Segovia. Llamemos a esa seta Ramón el Champiñón, que es de buena espora y de mejor corazón. Un humano medio cree que Ramón es el hongo y que ya no hay nada más. Esa estructura con forma fálica es todo el hongo y a tomar por saco. ¡¡Ni hablar!! Las setas son solo la punta del iceberg, la guinda del mosto o lo blanquito del grano de pus. Las setas son únicamente la parte reproductora de un organismo enorme formado por una red de hifas, que son unos hilitos compuestos por miles de células en fila y que, en el caso de las setas, pueden configurar redes de hasta decenas de metros cuadrados bajo tierra. A esas pedazo de redes que van alimentándose de materia en descomposición y que ayudan a eliminar los residuos de la naturaleza las llamamos micelio, una forma bonita de no decir «gurruño de hifas».

Algo muy parecido pasa con el moho. Esa cosilla peluda y verdosa que le sale a la comida que tienes olvidada en la nevera desde la primera comunión es solo la parte reproductora de un hongo que extiende su red de hifas por el interior del alimento. Por eso ni se te ocurra eso de cortar el trocito del pan, del tomate o de la zanahoria que contiene moho y comerte el resto. ¡¡Jamás!! Porque ese moho que tú ves es solo una parte de un organismo que extiende sus redes de hifas por dentro de la comida. Si cortas lo mohoso y te comes el alimento, puedes estar comiéndote un buen trozo del micelio del moho. Y muchos mohos producen toxinas que pueden tener incluso efectos cancerígenos. ¿Te comerías una seta del campo que no sabes lo que es? Pues no, porque puede ser venenosa y mandarte al otro barrio. Entonces aplícate el mismo cuento con el moho. Si algo tiene moho tienes que tirarlo, que te lo dice el experto en mohos Ricardo Mohoure. Que no te ha tenido tu pobre madre nueve meses en su útero entre náuseas y patadas, te han dado tus padres una educación y se han gastado los dineros y las energías para que seas un ser de provecho y vas tú y palmas por comerte un quesito que llevaba en tu nevera desde que gobernaba Aznar o un tomate pocho que daba más grima que un calvo con melena. De verdad, eh, ser *Homo sapiens* para esto.

Como te decía, el verdadero hongo está escondido, ya sea en el interior del alimento en el caso del moho o bajo tierra si hablamos de una seta. En este segundo caso, esas hifas que forman el hongo pueden extenderse por metros y metros cuadrados de superficie. Esas hifas crecen y crecen buscando alimento, pero también sexo. Un sexo raro y un poco inocente, pero sexo al fin y al cabo. Las hifas del hongo van buscando hifas de otros hongos y, cuando se encuentran, se fusionan, enredan y mezclan sus hifas para formar el cuerpo fructífero (la seta) donde se formarán las esporas que serán dispersadas por el viento, por los herbívoros o los domingueros cazadores de setas para formar un nuevo micelio bajo la tierra. Es decir, que las setas son la parte reproductora del hongo y por tanto ir a coger setas es como ir por el bosque cortando cipotes. Aprovecho para aclararte dos cositas sobre ir a por setas. La primera es que se recogen con esa cestita al estilo Caperucita no porque sea cuqui, sino porque los huecos entre el mimbre permiten que vayas soltando esporas y repartiéndolas por el bosque mientras te das el paseíto.

Aunque no seré yo quien niegue que la cesta le da un toque entre *fashion* y rural que me fascina. La segunda, que si no sabes de setas no vayas a cogerlas. Ir a por setas sin saber es como conducir por una autovía sin carnet: haces oposiciones a fiambre. Una confusión te puede llevar a dejarte el hígado como un puré de lentejas por comerte una *Amanita phalloides* o a acabar con una mezcla de colocón lisérgico mezclado con diarrea monstruosa por una *Amanita muscaria* que te mande a Raticulín.

Volvamos a esa fusión de hifas que se produce en el apasionante (más que apasionado) sexo fúngico. En algunas familias de hongos se pueden fusionar las hifas del mismo individuo, y hala, sexo con uno mismo al canto. A estos hongos se les llama homotálicos porque al propio hongo se reproduce consigo mismo y genera descendencia sin mucho misterio (algo que ahorraría muchos traumas a muchas personas). Pero en otras especies esta fusión de hifas tiene mucha más enjundia, porque es necesario que se encuentren las hifas de dos hongos que sean sexualmente compatibles.

Y con sexualmente compatibles no me refiero a que a los dos les gusten los preliminares o sean de darse duro contra el muro, sino que sean de un tipo sexual distinto. Igual que en muchos seres vivos (como nosotros) la reproducción requiere de que se encuentren dos individuos de distinto sexo, en los hongos pasa algo parecido, pero en vez de sexos tienen tipos sexuales.

Los tipos sexuales de los hongos son un sistema de apareamiento distinto al sistema binario de los animales y de las plantas. Cada hongo tiene unas zonas de su ADN que le dicen si es de un tipo sexual o de otro y solo puede fusionarse a otro hongo que tenga un tipo sexual diferente al suyo. Si una hifa se acerca a la de otro hongo y detectan que son del mismo tipo sexual, se dicen eso de «contigo no, bicho», y cada mochuelo a su olivo. A este tipo de hongos que tienen que unirse a otro individuo de tipo sexual distinto se les llama heterotálicos.

Y pensarás, «pues muy fácil esto de los hongos heterotálicos, que tampoco me parece que lo de los tipos sexuales sea tan distinto a tener machos y hembras. Podríamos llamarlos hongo y honga y decir que solo pueden reproducirse si se juntan otro de cada tipo». Pues aquí viene el drama, y es que los hongos no tienen solo dos tipos sexuales sino que pueden tener tres, cuatro o hasta varios miles. ¡Toma ya!

Esto de los tipos sexuales parece un poco complicado, pero te prometo que lo vas a pillar con este ejemplo que te voy a dar. ¿Se te ha puesto alguna vez mohoso el pan de molde? Hay que ser un poco dejado porque eso tiene más conservantes que la cara de la Lomana, pero no es raro que pase. Uno de los mohos más típicos del pan es el hongo filamentoso *Neurospora crassa*, un moho cochino de toda la vida y que tiene un sistema de tipos sexuales facilito. En vez de tener cromosomas X e Y como nosotros, simplemente tiene una zona del ADN (lo que en biología llamamos un loci) no demasiado grande y que le da su tipo sexual. Este trocito de ADN puede decir que sea del tipo A1 o que sea del tipo A2. Así que solo hay dos tipos sexuales, por eso decimos que *Neurospora crassa* es un hongo heterotálico bipolar: los A1 pueden hacer guarrerías con los A2 para formar ese moho tan rico. Tenemos hongo y honga, como diríamos si quisiéramos ser asesinados por una horda de micólogos furiosos.

Pero la cosa se complica si nos vamos a hongos como el *Ustilago maydis*, un hongo que es conocido como el carbón del maíz porque parasita a las mazorcas y las deja negras, roñosas y llenas de tumores. Aunque en algunos lugares este hongo es un dramoncio que arruina cosechas enteras, para los mejicanos y mejicanas (que de maíz saben un rato) la infección de este bichillo es sinónimo de manjar, porque los granos todavía se pueden comer y sirven para hacer unos tacos y unas quesadillas que están tan buenas que yo me las zampo, aunque luego me vaya a cagar patas abajo por mi intolerancia a la lactosa. En México lo llaman huitlacoche y los granos infectados por este hongo pueden venderse incluso más caros que el maíz sano. ¡Que viva México!

Pues bien, el huitlacoche es un hongo heterotálico tetrapolar. En vez de tener un trocito del ADN que dice si es de un tipo sexual o de otro, el muy canalla tiene dos trozos de ADN (dos loci), el A y el B. Y esos trocitos de ADN pueden ser A1 o A2 y B1 y B2. Ahora ya ni hongo y honga ni leches, sino que podemos tener hongos del tipo sexual A1B1, A1B2, A2B1 o A2B2. Cuatro sexos en total. Es como si olvidáramos la existencia de hombres y mujeres y dijéramos que la compatibilidad sexual entre humanos depende de los dos factores que más dividen a la gente en Tinder: si les gustan los gatetes o si son de tortilla sin cebolla o con cebolla. Tendríamos gente #catlover y #cathater y también gente #concebolla o #sincebolla. Así, podríamos encontranos cuatro tipos de humanos: los #concebollacatlover, #concebollacathater, #sincebollacatlover y #sincebollacathater. Tendríamos cuatro tipos sexuales humanos solo compatibles con otro tipo sexual distinto al suyo, así que habría un montonazo de discusiones en torno a la cocina y las mascotas. Aclaro que yo soy #catlover y lo de la cebolla me da igual; si la tortilla me la hacen, como si lleva caca.

No te quiero calentar la cabeza con estas combinaciones locas de tipos sexuales porque sé que puede ser un poco complicado de entender en el contexto de un libro de risas y lleno de chistes malos. Prometo que ahora todo es más fácil. Decirte que si te parece complicado lo de los tetrapolares como el huitlacoche, ni te imaginas lo que hay por ahí. Muchos hongos tienen más loci y más opciones para cada uno de ellos. Piensa que a poco que un hongo tenga dos loci y cada uno tenga cuatro opciones, tenemos dieciséis tipos sexuales. Con dos loci y diez opciones, tenemos cien tipos sexuales. Pero es que tenemos hongos como los del género *Trichaptum*, que son esa especie de abanicos que crecen en los troncos de los árboles y que son importantísimos para descomponer madera muerta, en los que hay tantas opciones para cada uno de los dos loci que en total hay aproximadamente 17.500 tipos sexuales.

Imaginarás que así tiene que ser absolutamente imposible encontrar pareja y que los micelios de los *Trichaptum* están condenados a la soltería eterna y a estar *forever alone*, pero es todo lo contrario. Piensa que en los organismos con un sistema de apareamiento binario macho y hembra, cuando un individuo se encuentra con otro, solo tiene un 50 por ciento de posibilidades de que sea del sexo contrario y, por tanto, de poder tener descendencia si le dan al fornicio. Pero con tantos tipos sexuales es superfácil que el hongo de al lado sea compatible contigo y que podáis formar una buena seta para esparcir esporas. Pero ojo, que tenga que ser de un tipo sexual bien distinto también es muy útil, porque te asegura que ese hongo con el que vas a hacer marranerías no es un pariente cercano y no vais a fomentar la endogamia. Es decir, que lo de tener muchos tipos sexuales les sirve a los hongos heterotálicos para emparejarse con sus vecinos, pero sin liarse con sus primos.

Al final la biología es más facilonga de lo que parece...

¿POR QUÉ LOS HOMBRES TENEMOS PEZONES?

L a pregunta de por qué los hombres tenemos pezones ha invadido la mente de los seres humanos desde que el mundo es mundo y está a la altura de otras preguntas trascendentales como por qué cuando comemos cacahuetes no podemos parar hasta que tenemos náuseas, cuál es la causa de que los taxis solo sintonicen la COPE o por qué Donald Trump se maquilla con Risketos.

Ya sé que suena a chorrada, pero lo de los pezones es una pregunta llenísima de ciencia y de misterio. ¿Para qué están ahí? A ver, chicos y hombres que me léeis, ¿acaso habéis amamantado un neonato con vuestros pezones? ¿Verdad que no? Que no seré yo quien critique los pezones masculinos y la amplia gama de diversión que ofrecen, que los pezones son como los legos, están hechos para los niños, pero hay que ver cómo los disfrutamos de adultos.

La razón por la que los hombres tenemos pezones es que muchos animales comenzamos nuestro desarrollo embrionario como hembras. En el caso de los seres humanos, durante las primeras semanas de embarazo, el paquetito de genes que dicen que seas un macho (el famoso cromosoma Y) no funciona y nos desarrollamos como el sexo original: las hembras. Así que los chicos nos desarrollamos como hembras durante las 11 primeras semanas de embarazo. Es decir, que los tíos hemos sido chicas casi tres meses. Durante ese tiempo nos salen pezones, por eso los hombres tenemos pezones. Pero es que también se nos forman genitales externos femeninos: tubérculo genital, que aunque el nombre suene a una patata con forma de chumino, en realidad es algo similar a una vagina, que tiene labios y todo. Pensadlo durante un segundo: Bertín Osborne ha tenido chichi y Santi Abascal tuvo potorro.

Pues, cuando por fin se nos encienden los genes masculinos, cuando se activa el cromosoma Y, los labios mayores de nuestra vagina se fusionan y forman el escroto. ¿Sabes esa línea que tenemos todos los hombres en el escroto? Ese remiendo que cruza la bolsa testicular de adelante a atrás y que hace que parezca un calcetín del revés. Pues esa parte de la anatomía masculina tan peculiar se llama rafe y es la fusión de los antiguos labios mayores de nuestro «chichi embrionario». Estoy seguro de que ahora mismo algunos chicos y señores se han ido corriendo al baño a mirarse el rafe. Pues esos eran vuestros labios mayores. Disfrutadlos.

A decir verdad, las otras partes de los genitales masculinos también vienen de los femeninos. Durante esas once semanas en las que chicos y chicas nos desarrollamos igual, nos sale algo similar a un clítoris y a unos ovarios. Cuando se nos enciende el cromosoma Y empezamos a producir testosterona, los ovarios comienzan a bajar y se van convirtiendo en testículos y el clítoris se transforma en el pene, además de una manera muy curiosa: los labios menores rodean al clítoris y a la uretra, los pegan y forman el pene. Es como si el pene fuera un taco mejicano en el que los labios son la tortilla y el clítoris y la uretra el relleno.

Puede que, alguna vez, hayas oído decir lo contrario, algo como que el clítoris es un pene atrofiado o algo así. Esa era una de las perlitas que soltaban algunos médicos y científicos hasta hace no muchas décadas, y es que la ciencia ha sido un poco viejuna para muchos cosas. Piensa que hasta hace unas décadas apenas había mujeres científicas, así que era una disciplina copada por los hombres y se dejaba llevar por los prejuicios de la época. La investigación y el desarrollo de la medicina tenían un sesgo machista brutal. De hecho, muchos temas femeninos apenas han sido estudiados. Por ejemplo, a la dismenorrea, es decir, a los dolores menstruales, no se les prestaba ni la más mínima atención y se consideraba que era de mujeres quejicas en lugar de una dolencia médica. El clítoris tampoco ha sido apenas objeto de interés científico y antiguamente se decía esa barbaridad de que era un pene atrofiado. Ahora sabemos que no, que es un órgano femenino propio del que vemos solo la punta del iceberg porque mide unos trece centímetros y a veces más. Es decir, que existen clítoris más grandes que muchos penes.

Y te voy a decir otra cosa que es un poco de «¡hembras al poder!»: ese paquetito de genes masculinos, el famoso cromosoma Y, no es más que una versión defectuosa, degenerada y mutante del cromosoma X de las mujeres. Los hombres somos mujeres mutantes. Que a algunos se les nota más, como esos hombres que al envejecer se van convirtiendo en señoras mayores, como Paul McCartney o Felipe González, que parece una abuela china.

Si ya te había explotado la cabeza con el mensaje de que nuestro escroto es una vagina mutante, nuestros testículos unos ovarios mutantes y nuestro pene es un clítoris mutante, quiero que ya te vuelvas loco de atar al conocer la historia güevedoces.

En Salinas, un pueblecito de República Dominicana, una pequeña proporción de las niñas (más o menos 1 de cada 90 nacimientos) cuando llegan a la pubertad comienzan a desarrollarse como un chico y se convierten en un hombre hecho y derecho. Esta circunstancia se debe a que, aunque sean genéticamente chicos, su cuerpo fabrica la testosterona de forma diferente y no responde a ella hasta que son adolescentes. Se trata de una condición genética llamada deficiencia de 5-alfa-reductasa. Esta enzima es responsable de convertir la testosterona en dihidrotestosterona, que es crucial para la formación de los genitales masculinos en el feto durante el desarrollo embrionario. En los güevedoces, al haber una deficiencia de esta enzima, el cuerpo no produce suficiente dihidrotestosterona para formar los genitales masculinos externos antes del nacimiento. Como resultado, los bebés nacen con genitales que parecen femeninos. Cuando estos niños alcanzan la pubertad, la producción de testosterona aumenta tanto que, aunque la conversión a dihidrotestosterona sigue siendo bastante baja, la alta cantidad de testosterona por sí sola es suficiente para inducir el desarrollo de características masculinas, como el crecimiento del pene y los testículos. Y te preguntarás, ¿y por qué les han puesto el maravilloso nombre de güevedoces? Pues porque a los doce años les salen huevos. Hay que ver lo sensible que es y el tacto y delicadeza que tiene el patriarcado para tratar un tema tan estigmatizante como el de los genitales y el género de unos adolescentes... Algo muy similar a lo que les pasa a las personas intersexuales, porque, aunque te suene raro porque es un absoluto tabú incluso en las sociedades más avanzadas en temas LGTBIQ+, el 1,7 por ciento de los seres humanos es intersexual, es decir que nacen con variaciones en las características sexuales que difieren de las normas médicas y sociales para cuerpos femeninos o masculinos. Clítoris muy largos, genitales externos femeninos pero con testículos escondidos en el abdomen, genitales externos masculinos pero una producción de testosterona muy baja que lleva al desarrollo de caracteres sexuales femeninos... Los cuerpos intersexuales son muy variables y pueden deberse a cuestiones hormonales o cromosómicas u hormonales que serían compatibles con una vida normal y corriente si no fuera por el estigma social, que ha llevado a miles de personas a sufrir cirugías al poco tiempo de nacer en las que un médico decidía cuál iba a ser el género de esa persona. Terrible... El tiempo ha dado la razón a quienes han luchado contra esas operaciones, ya que los estudios científicos han demostrado que eso de decidir el sexo de una persona con genitales ambiguos cuando solo es un bebé deja secuelas de por vida a aquellos cuya identidad y cuyo espacio en la sociedad han sido decididos a golpe de bisturí. Por suerte, estas cirugías están prohibidas en España. Un alivio...

Para que no te quedes con mal sabor de boca, decirte que la historia que te he contado antes sobre cómo los genitales externos masculinos se forman a partir de los femeninos guarda alguna similitud con la del pene de las hembras de hiena. Sí, has leído bien: el pene de las hienas hembra, un miembro viril femenino. Una de las claves de la supervivencia de las hienas es su mala uva. Son muy agresivas porque tienen niveles altísimos de testosterona. Eso provoca que durante su desarrollo embrionario el clítoris se vuelva grande y que se una a la vagina para formar una especie de pene al que los científicos y científicas han dado el original nombre de pseudopene. Y lo más *creepy*: dan a luz por el pene... y en el primer parto revienta. ¿¡De qué narices se ríen las hienas!?

IV
SEXO, PARÁSITOS
Y ZOMBIS

¿Zombis? ¿He leído zombis? ¿De verdad vamos a hablar de zombis en un libro que, aunque roce a veces la chabacanería, se supone que va de ciencia? Pues sí, porque en la naturaleza hay un montón de zombis. Pero no muertos vivientes resucitados por un señor mágico como en *Juego de tronos*, sino más como los de *28 días después* o *Guerra mundial Z*. Estos que se cogen una enfermedad que les hace dar *bocaos* a los demás para contagiarlos y hacer ruidos guturales que suenan a murciano.

¿Y eso existe en la naturaleza? En resumidas cuentas: sí. En el mundo animal hay parásitos que te poseen para que hagas lo que ellos quieran. Auténticos ladrones de cuerpos que te usan como marioneta para cumplir dos objetivos bastante macabros y ambos completamente relacionados con la reproducción: convertirte en su niñera o que te coma otro bicho.

EL PERCEBE CASTRADOR

omo decía Daniel Sancho, «vayamos por partes». ¿Cómo es eso de que un parásito pueda convertirte en niñera? Imagina que un día te estás bañando en el mar y te quedas embarazado. Pues ya has echado la tarde... Es como la gente que pregunta en el Google si te puedes quedar embarazada en una piscina o en un baño público. Pero, para más morbillo, imagina que estás tan ricamente sumergido en el mar y te quedas embarazado siendo un chico.

Pues este es el día a día de algunas especies de cangrejos por culpa de la sacculina, un animalito conocido por el precioso apodo del percebe castrador. Que si alguna vez tengo un grupo de *heavy metal* creo que lo llamaré así. La sacculina es un percebe que parasita a los cangrejos. Cuando entra en un macho, lanza ramificaciones como raíces que viajan hasta alcanzar su cerebro. Allí agarra bien decenas de conexiones nerviosas vitales para el funcionamiento del sistema endocrino cangrejil e induce la producción y liberación de hormonas femeninas a saco. Tantas y con tanta intensidad que le destroza los genitales. Incluso realiza danzas de cortejo femeninas. Pero no solo eso, además hace que se le desarrolle una cavidad como las que tienen las hembras para guardar huevos, lo que sería el equivalente a crearnos un útero, y pone allí sus huevos. El pobre cangrejo los incuba y los cuida como si fueran suyos.

Lo de la sacculina más que convertir a su huésped en niñera es una especie de gestación subrogada crustácea. Ahora el cangrejo lleva bebés de otra especie dentro. Es como *Alien*, pero con un cambio de sexo. Es como mezclar *El octavo pasajero* con *Señora Doubtfire*.

TROLEANDO
A LAS HORMIGAS

siguiendo con los animalitos convertidos en niñeras forzosas de otra especie, ¿sabes quiénes son las niñeras más cotizadas del mundo animal? Pues unas que van a salir bastante a lo largo de este libro porque su frikismo biológico no tiene parangón: las hormigas. Tiene su lógica, son muchas, son currantes, están organizadas. Bicho más tremendo no lo hay, aunque no voy a abrir el melón de que en muchísimas especies de hormigas hay un porcentaje muy alto de las obreras que son vagas y que no hacen ni el huevo. Pero de eso ya hablaré cuando haga un libro de animales punkarras que desafían al capitalismo.

Existe una mariposa en Japón, la *Narathura japonica*, que es un poco maligna: sus larvas producen una droga que vuelve adictas a las hormigas y así se quedan con ella y la protegen. La larva convierte las hormigas en drogoyonquis. Es la larva camello. La protegen con su vida mientras rechupetean su *droja* favorita.

Las larvas de la mariposa *Phengaris arion* hasta se cuelan en el hormiguero. Su aspecto imita al de las larvas de las hormigas *Myrmica sabuleti*, pero es que hasta producen una sustancia que huele exactamente igual que las larvas de hormiga reina, así que las hormigas las llevan al hormiguero, las cuidan, las alimentan e incluso hacen de guardaespaldas. Es como si disfrazas a tu hija de la princesa Leonor y te viene el CNI a protegerla y le pagan el internado pijolis en Gales. Si la larva de mariposa hace bien su papel, las hormigas priorizarán su cuidado antes que el de sus propias larvas, a las que podrían matar para dar de comer a la intrusa si fuera necesario. Es más, algunas larvas impostoras van más allá y comienzan a alimentarse de las pupas de hormiga. Yo la llamaría mariposa Broncano, porque trolea al hormiguero.

Pero si hay un parásito que trasforme en un auténtico zombi a las pobres hormigas es la *Fasciola hepatica*, un tipo de platelminto (que es como llamamos en biología a los organismos que tienen la fortuna de pertenecer al reino de los gusanos planos) más conocido como duela del hígado o gusarapo chico. Me encanta un nombre tan *grasioso* (y hasta cuqui) como gusarapo para un ser que se dedica a esclavizar hormigas con el fin de regresar a su huésped original, que son las ovejas, para hacer algo tan inocente como reventarles el hígado. Bueno, que le flipan las ovejas, pero tampoco se queja si tiene que vivir y reproducirse en una vaca, un caballo e incluso en un humano.

Pero comencemos la historia por el principio. A la duela, o gusarapo, le encanta vivir dentro de las ovejas. Pero tiene que reproducirse y expandirse, así que sus huevos salen al exterior con las heces, en esas típicas bolitas del campo tan graciosas y que son características del ganado ovino. Las ovejas cagan los huevos del gusarapo en sus cacas-conguito y estos huevos se los comen unos caracoles que son, literalmente, un poco comemierda. Estos caracoles van dejando larvas de gusarapo en sus rastros de babas y ¿a que no adivinas qué pobre animal que es carnaza de todos los parásitos se bebe los caminitos de baba de caracol para hidratarse como si las babas fueran agua? ¡¡Las hormigas otra vez!! Y ahora es cuando el parásito se pone en modo «retornar a mamá oveja»: sube al ganglio cerebral de la hormiga (que es como un cerebro, pero tan cutrecillo que no lo podemos considerar como tal) y la «posee». La duela toma el control del insecto y hace que trepe a lo más alto de una brizna de hierba, que cierre sobre ella sus potentes mandíbulas como si fueran un cepo y que se quede anclada a la hierba hasta que llegue una oveja que vaya pastando por allí y se coma la hierba con la pobre hormiga y el afortunado parásito incluidos en el pack.

Y seguimos para bingo con las hormigas, porque son las protagonistas de una historia con la que cada poco tiempo está todo el mundo que no caga, concretamente cuando sale una nueva temporada o un nuevo videojuego de *The Last of Us*, del que hay serie y yo creo que ya hasta religión. Que también te digo que normal que la gente se vuelva loca, porque es un juegazo y la serie es una maravilla del suspense, el gore y la ciencia ficción y tiene en el reparto a Pedro Pascal, que es el ser más majo, guapo y sexi que ha parido una madre primate. *The Last of Us* va de un hongo que convierte a las personas en unos zombis bastante asquerosos, llenos de setas y que emiten unos ruidos como los que yo hago después de comer cachopo. Pues ese hongo existe de verdad. Se trata del *Cordyceps*, pero no nos posee a nosotros los humanos, sino a los insectos. Principalmente a las pobres hormigas. Que no es por preferencia, sino porque hay tantas tantísimas que es fácil que les toque a ellas.

Cuando una espora de *Cordyceps* llega al cuerpo de un insecto, lo parasita y se lo va comiendo vivo. Pero encima invade su sistema nervioso para convertirlo en su esclavo. Primero hace que se quede en el suelo, entre las hojas secas, la tierra y la mierdecilla en general, para que el hongo esté húmedo y calentito. Pero cuando ya ha crecido bastante, obliga al pobre bicho a trepar a un árbol bien alto. Si es a la copa, mejor que mejor. Allí el insecto se queda paralizado, el hongo termina por devorarlo entero y del cadáver del insecto surgen los cuerpos fructíferos del hongo. Vamos, sus setas. A veces sale solo una setita de la cabeza del pobre insecto y hace que este parezca una especie de Teletubbie siniestro (bueno, aunque creo que todos los Teletubbies son siniestros), pero otras veces el bicho queda absolutamente cubierto de setas como si fuera una versión macabra de una *pizza fungi*. ¿Y por qué hace el hongo *Cordyceps* algo tan poco educado como poseer a un insecto, llevarlo a lo alto de un árbol y llenarlo de setas? Pues para que sus esporas viajen con el viento y se esparzan en busca de un nuevo y desgraciado huésped...

RATAS YONQUIS DEL PIS

ero uyuyuy, es que me pongo nervioso de pensar en lo que viene ahora. Y es que existe un creador de zombis que está entre nosotros y que es el protagonista de una de las historias más macabras y guarrindonguis del mundo animal: el toxoplasma. Seguramente os suene este bichejo a quienes habéis estado embarazadas o habéis vivido un embarazo de cerca porque os habrán informado varias veces sobre los riesgos de infectaros durante la gestación.

El toxoplasma es un parásito de un montón de mamíferos y también de algunas aves (las palomas, con esos muñoncitos tan apetecibles, tienen toxoplasma a montones). Pero, a pesar de poder infectar a un buen puñado de animales, el toxoplasma es un romántico y solo hay un sitio donde hace reproducción sexual: en el intestino de un gato. Es tan, pero tan tiquismiquis para el amor, que solo hace guarrerías sexuales cerca del ojete de un felino. Menudo sibarita... Nosotros conformándonos en nuestra juventud con portales, arbustos o clavándonos el freno de mano de un coche, y los toxoplasmas eligiendo sitios calentitos y perfumados.

Cuando el toxoplasma se reproduce en el tracto intestinal de un felino, miles de sus descendientes deciden que quieren ver mundo. Supongo que el culo de un gato se les queda pequeño, y entonces se agarran a una caca y salen del cuerpo, cosa que me imagino superemocionante y parecida a cuando te montas en los troncos del agua de Port Aventura. Una vez fuera, los animales que pasen por allí y se rebocen en las heces de gato o se las coman (que hay gustos para todo) llevarán consigo el toxoplasma. Y es muy normal que quienes se infecten sean ratas y ratones, porque se cuelan en cualquier lado y son algo marranetes.

Pero llega un momento en el que el parásito se pone romanticón y quiere volver al intestino de un gato para reproducirse sexualmente. Así que el bichillo sube hasta el cerebro del roedor y comienza a manipularlo, a poseerlo.

¿A que estás deseando que lo convierta en una rata zombi? Pues más bien yonqui. Como los gatetes y sus antepasados llevan miles de generaciones merendándose a las ratas y los ratones, estos ya tienen grabado a fuego en su cerebro un terror instintivo al olor del pis de los gatos, así no se acercan a donde ellos merodean. Pues el toxoplasma lo que hace es subir al cerebro del roedor y manipular la amígdala, una región muy relacionada con el miedo. No solo hace que el roedor deje de sentir terror al olor del pis de gato, sino que encima lo vuelve adicto a ese olor, hace que lo busque desesperadamente. Como comprenderás, un roedor enganchado a olfatear retretes de gatos tiene pocas papeletas de acabar bien. Tarde o temprano se va a topar con un michi y terminará en el estómago de su archienemigo, permitiendo al toxoplasma volver al intestino de su huésped preferido para poder tener sus citas románticas y reproducirse.

EL TRENECITO ESCATOLÓGICO DE LAS TENIAS

eguramente estés empezando a pensar que este capítulo es un poco escatológico, pero todo esto ha sido pura finura en comparación con lo que viene ahora, porque vamos a hablar de tenias: lo más parecido a un alien capaz de alimentar nuestras pesadillas mientras se alimenta, jeje, de nosotros.

Las tenias son parásitos que viven en el intestino, esos seres a los que muchos llaman lombriz gigante, pero que en realidad son, al igual que el gusarapo, platelmintos. Eso sí, en este caso de la clase de Cestoda. Hay varias especies que pueden infectar a humanos y gorronear nuestros intestinos: la tenia del cerdo, la de la vaca y hasta la del pescado, que era muy habitual en los antiguos romanos por culpa del *garum*, una salsa hecha de pescado fermentado, el equivalente romano al kétchup.

Las tenias pueden llegar a medir hasta diez metros y están tan adaptadas a la vida parásita que hasta han perdido todo el tracto digestivo porque no lo necesitan, ellas van absorbiendo nutrientes a través de las paredes de su cuerpo. Son tan asquerosas que me ofenden hasta a mí, pero son seres únicos y obscenamente fascinantes. Tienen una cabeza llamada escólex (buen nombre para un perro) y que está llena de garfios y ventosas para agarrarse con fuerza al intestino, por eso no se pueden quitar sin tratamiento médico. Si alguna vez tienes la desgracia de ser parasitado por una, ni se te ocurra tirarle de la colita si la ves asomando por el culo, y te voy a explicar por qué. Las tenias son como un trenecito cuyo cuerpo está hecho de segmentos que parecen vagones pegados unos a otros. Cada uno de ellos se llama proglótide y tiene dentro un aparato reproductor completo. Y cuando digo completo es muy completo, porque son hermafroditas, así que hacen el candadito del amor y se reproducen consigo mismas. Las proglótides terminan llenas de huevos fecundados gracias a su hermafroditismo. De hecho, las del final están ya todas llenas de huevos y cada poco se ponen pochas, se rompen y se van con las cacas de su huésped para contaminar el lugar donde caiga el truño y todo lo que haya a su alrededor. Encima, las tenias suelen causar picor en el ano para que te rasques el culo y te llenes los dedos de huevos. Y el único riesgo no es que contagies a otros, es que puedes recontagiarte a ti mismo y que las nuevas tenias vayan a otros lugares de tu cuerpo. Fíjate el terror que voy a añadir a esta historia al decirte que las tenias del intestino son las adultas, pero las fases larvarias pueden infectar músculos, pulmones y hasta el cerebro. Allí ya la cosa se pone peligrosa porque pueden producir quistes grandes como limones que provocan daños neuronales graves. Bueno, no sigo porque creo que ya sabéis lo que quiero deciros: ¡¡LAVAOS ESAS MANAZAS DESPUÉS DE IR AL BAÑO!!

LA TRISTE Y VERDADERA HISTORIA DE LOS ZOMBIS

omo ya habrás comprobado, este libro viaja entre la comedia y la turra, pero metiéndose a veces de lleno en el drama y en la más absoluta tragedia. Así que borra esa sonrisa para descubrir de dónde vienen las historias de zombis. Porque los zombis humanos no existen. Que una cosa es que un ser sea capaz de controlar a una hormiga o de gorronearnos el intestino, pero lo de manipular la mente de un ser humano es bastante complicado.

Las historias de zombis vienen de la religión vudú, de Haití. Son solo cuentos y leyendas, pero todos los cuentos tienen una misión: enseñarnos algo y adoctrinarnos. Caperucita Roja nos recuerda que no debemos salirnos del camino y que desobedecer tiene consecuencias fatales, los cabritillos nos muestran que no hemos de fiarnos de los desconocidos y los tres cerditos son un cuento capitalista a saco y que incita a eso tan propio del *adulting* de obsesionarte con que si no eres propietario de un pisazo la vida te va a devorar cual lobo hambriento.

¿Y si te dijera que las historias de zombis servían para prevenir el suicidio? Las historias de zombis surgen entre los esclavos de Haití durante el siglo XVIII. Entre estas personas la tasa de suicidio era altísima, porque era una vida horrible y sin escapatoria. Para la religión vudú un zombi es un muerto al que un hechicero ha resucitado para convertirlo en su esclavo. Y esos cuentos lanzan el mensaje más duro para un ser humano cuya libertad ha sido arrebatada: que la muerte no es el final de la esclavitud. Por tanto, la opción del suicidio dejaba de ser una liberación para los esclavos porque podían seguir esclavizados incluso después de la muerte.

Te he dejado peor sabor de boca que el del caracol que comía caca de oveja.

V

AMORES DIVERSOS. HOMOSEXUALIDAD Y BISEXUALIDAD EN EL MUNDO ANIMAL

¡NO ES NATURAL!
¿NO ES NATURAL?

Te puedo decir exactamente cuándo supe que me gustaban los chicos. Fue un caluroso día de agosto de 2006, mientras chupaba huesecillos de pequeños mamíferos en una excavación en la entrada de la Garma, una cueva que está muy cerquita de Santander.

Sé que esta afirmación requiere más explicaciones, porque eso de «chupar huesecillos» (sí, huesecillos, con s y no con v) te genera nuevas dudas que pueden darle un toque escabroso a mis gustos. Te lo explico fácilmente. En las excavaciones es muy difícil, sobre todo para un novato, distinguir entre un trozo de hueso y una piedra. Todo es duro y está lleno de tierra húmeda. ¿Cuál es el truqui del almendruqui? Pones la lengua sobre el terruño sospechoso de ser un resto óseo y si se queda pegada es un hueso, si no se pega, es una piedra. Al final casi siempre son piedras, pero a veces encuentras algún trozo de costilla que probablemente apenas tiene valor, pero tú te crees el nuevo Arsuaga mientras notas crujidos cada vez que cierras la boca y te pasas el día siguiente escupiendo lapos marrones.

Bueno, voy al lío, vamos a hablar de mariconadas. Yo tenía dieciocho añitos y estaba disfrutando de mi primer verano como estudiante de biología. Acababa de terminar primero. Bueno, más bien el 75 por ciento de primero, que me lo pasé demasiado bien. Pero en vez de dedicarme a ir a la playa con mis amigos de Santander, a los cuales llevaba echando de menos una barbaridad todo el curso por ese ensalzamiento de la amistad propio de la adolescencia, decidí pasar gran parte de mi verano excavando en un yacimiento paleolítico en el que mi padre había trabajado años atrás. Era una forma de sentirme biólogo de campo (que los biólogos también podemos dedicarnos a la paleontología) y ya de paso evitar bañarme en el Cantábrico, que si lo has hecho alguna vez sabrás que es algo totalmente prescindible si no eres fan de sufrir hipotermias. A las pocas semanas de estar yendo y viniendo a la excavación, de levantarme cada día a las seis y media de la mañana y de chupar piedras mugrientas, apareció ÉL.

Él... No recuerdo ni cómo se llamaba. Era un punki guapísimo con una cresta rubia y un cuerpo esculpido por los dioses. A ver, realmente ni una cosa ni la otra, pero con dieciocho años eres muy impresionable, vale. Me sacaba varios años y cuando tienes dieciocho ves a cualquiera por encima de la veintena como un adulto con las cosas mucho más claras que tú. Pensándolo ahora, ese chico, que no creo que tuviera ni veintidós años, seguramente tenía cero unidades de punki y era un niño bien de algún barrio pijo de Soria que quería horrorizar a sus padres cresta mediante. Vamos, un punki de los de verdad, de los que se fraguan la existencia a base de litronas y queso de oferta, no tendría ese cuerpo de fase de definición de adicto al *crossfit*. Aunque su cuerpo era más bien estilo «parezco fuerte porque marco todos los músculos, pero en realidad lo que pasa es que como agua y ceno aire». Para bajar al muchacho a tierra y quitarle cualquier atisbo de mito erótico, deciros que se encontró un gato muerto al lado de la carretera y decidió sacarle las tripas, secarlas en un tendedero del campamento y hacerse unas cuerdas de guitarra. Ostras, en mi cerebro de adolescente me pareció que para hacer eso había que ser un genio. Ahora solo puedo pensar que mi despertar sexual fue con un tío asqueroso.

Bueno, volvamos al turrón. Digamos que ÉL, al que podemos llamar Pseudopunki Gatoguitarra, empezó a excavar en el cuadrante que yo tenía justo al lado. Y ese día hacía mucho calor... y se quitó la camiseta... y comenzó a romper rocas con un martillo enorme... Bueno, digamos que lo único que pude hacer al llegar a casa fue darme una ducha sospechosamente larga. Ahí lo supe. Y mira que podría haber sabido que era gay desde meses antes porque las señales eran claras. Algunas tan obvias como que me dedicaba a buscar en internet ciertos vídeos de caballeros ligeros de ropa que no tomaban el té precisamente, aunque siempre bebían el café con mucha leche.

Uff, cancelado con estos chistes.

De Pseudopunki Gatoguitarra no supe nada más. Recuerdo que los días siguientes un compañero muy bohemio y hippylonguis se debió de dar cuenta y empezó a hacer bromitas con que me gustaba ese chico. Como el chico era mayor que yo, volví a asumir que era alguien intelectualmente superior y lo vi como un juego sano de meterse con alguien o incluso de querer animarme a salir del armario. Ahora lo pienso y eso era un *bullying* homófobo de manual hecho por un veinteañero impresentable que iba vestido de moderno para creerse el Valle-Inclán de su clase.

Dieciocho años después de todo aquello, tras muchas aceptaciones, confesiones, salidas del armario, ligues, amantes, amores y desamores, tengo la homosexualidad aceptadísima. Ahora me está haciendo la cena mi novio y tengo el mariconismo tan integrado en mi vida que a veces se me olvida que en nuestra sociedad no es la norma. Aunque tristemente siempre hay gente que te lo recuerda con un comentario, una mirada, un reproche o un eslogan electoral.

Y cada dos por tres la misma frase: «Es que no es natural».

¿No es natural? Perdona que lo dude...

EL SAFARI MARIBOLLO

usto mientras estoy escribiendo este capítulo, viene mi «maridito» (que también es biólogo y que me va a matar cuando vea que lo he llamado maridito en un libro) y me pregunta si he visto lo de las ballenas jorobadas. ¿Lo qué? Pues resulta que acababa de salir la noticia de que, por primera vez, se había conseguido fotografiar a dos ballenas jorobadas copulando. A pesar de que miden 15 metros y que pesan 30 toneladas, las ballenas jorobadas se esconden muy bien para hacer cucutrás. Pensaréis que igual los biólogos somos unos pardillos, pero es que ya os digo que no es fácil conseguir pillar el momento del fornicio entre animales que viven bajo el agua, que tienen que recorrer cientos o miles de kilómetros para chuscar mientras siguen los cantos de su ser amado sin saber si les va a gustar y que encima echan polvetes de unos dos minutos.

Pero lo interesante de esta foto no solo fue pillar a las ballenas jorobadas chuscando por primera vez, sino que quienes lo hacían eran dos machos. Y no hicieron un *froti froti* estilo *petting*. Los dos machos de ballena jorobada tuvieron sexo con penetración. Como dicen los jovenzuelos, esos ballenos PEC.

¿Es esto un caso aislado? ¿Estaban estos machos de ballenas solitos y echaron mano de la amistad por falta de hembras? Permíteme que lo dude, porque los comportamientos homosexuales no son algo raro entre mamíferos marinos. Los delfines mulares, que son los típicos delfines de las pelis (el Flipper de toda la vida), son animales en los que el sexo y la reproducción van completamente separados. En suma, que no paran de fornicar. Entre las hembras no es raro que se observen actividades de sexo lésbico que incluyen *froti froti* del clítoris de una con el de otra o que se lo froten entre ellas con las aletas. Pero es que entre los machos hay grupos que parecen poliamorosos. Los jóvenes suelen dejar el grupo familiar y formar grupetes de machos en los que es normal que abunde el folleteo a saco y relaciones entre varios que van más allá de una bonita amistad...

Pero hay muchos más ejemplos de mamíferos marinos en los que se han detectado comportamientos homosexuales: focas grises, delfines moteados del Atlántico, delfines del Amazonas, morsas (que con sus bigotes pueden tener un rollo oso ochentero), ballenas grises y hasta en orcas. Y eso solo si hablamos de mamíferos marinos, pero podemos ir muuuucho más allá.

Te propongo un viaje por la homosexualidad y la bisexualidad animal, uno en el que empezaremos por nuestros parientes más cercanos y llegaremos hasta especies animales tan alejadas de nosotros que ni te imaginarías que pudieran incluirse dentro de los amores (o escarceos) diversos.

MONAS LESBIANAS EN EL *JACUZZI* Y MONETES *HIPPIES*

s obvio que vamos a comenzar el viaje por los primates. La verdad es que imaginarse a unos monetes realizando actos homosexuales es bastante fácil. Básicamente porque tú, yo, todos los que vais a leer este libro y todos los seres humanos habidos y por haber somos primates, y dudo mucho que no hayas visto una pareja de gais o lesbianas en tu vida. Aunque a los más jóvenes debo confesaros que yo no vi una hasta la llegada de Mauri y Fernando en *Aquí no hay quien viva*, esa serie que para los de la generación Z es una fuente de memes inagotable, pero que para los *millennials* LGTB fue la revelación de *«homosesuale esiten»*. Así que nos centraremos en primates no humanos, porque asumo que tienes clara la existencia de *Homo sapiens sapiens* homosexuales y bisexuales.

Si eres de los pocos que realmente ve los documentales de La 2 (que se llama La 2 porque la ven dos personas) o de los que consume compulsivamente *reels* de animalitos en Instagram o en TikTok, es posible que lleves pensando en unos bichos muy salaos desde que he mezclado las palabras primate y homosexualidad: los famosos bonobos. Son conocidos también como chimpancés pigmeos, aunque yo los llamo los «chimpancés picarones» o «los chimpancés de pornotube». Y no es para menos, porque el 75 por ciento de sus relaciones sexuales no tienen finalidad reproductora. Los bonobos son todos bisexuales. Todos toditos. Y se dedican a copular, masturbarse solos, masturbarse entre ellos, lamerse, tocarse y todo lo que puedas imaginarte. Los bonobos son un no parar de guarrerías porque utilizan el sexo para resolver sus conflictos y no pelearse. ¿Que solo hay un plátano y somos dos? Pues te rebaño el *petisuí* y me das un trozo. ¿Que los dos queremos mandar? Pues jugamos a tras tras por detrás y se nos pasa.

Puede que la afición de los bonobos al amor libre y que sean bisexuales es algo que ya te sonase de antes, pero lo que quizás no sepas es que las relaciones más importantes entre los bonobos son las lésbicas. Seis de cada 10 relaciones sexuales de estos primates son entre dos o más hembras. Es más, cuando las hembras frotan sus genitales segregan oxitocina, una hormona que nosotros también producimos y que se relaciona con el apego. Pero cuando ellas copulan con un macho no producen oxitocina, se quedan tan pichis. ¿Y esto por qué? Pues porque los grupos de bonobos son un matriarcado, es decir, ellas son las que mandan. El hecho de copular entre ellas les ayuda a crear vínculos muy profundos y bien reforzados por la oxitocina, lo cual crea una serie de alianzas, amistades y relaciones entre hembras que genera una red que permite que sean ellas las que lleven el control.

De todas maneras, estas relaciones lésbicas también les ayudan a resolver conflictos entre ellas y disminuir el estrés. De hecho, y esto me encanta, las hembras de bonobo utilizan el sexo para alegrar a otras hembras cuando están tristes. Vamos, el famoso pipazo entre amigas de toda la vida. A eso hay que añadir que encima favorecen la convivencia pacífica entre machos, porque las vocalizaciones sexuales de las hembras (gemidos, gruñidos y otros griteríos derivados del placer sáfico) ayudan a tranquilizar y apaciguar a los machos. Machos que, por otro lado, también tienen sus amoríos entre muchachos.

En fin, que podemos decir que el mundo de los bonobos es un matriarcado consolidado sobre el rollo bollo. Como coreaban las chicas de *Operación Triunfo* 2023: «*Go, lesbians, go!*». Pero no son los únicos primates donde las lesbianas tienen un papel clave. Entre las hembras de gorila también se han observado relaciones sexuales, aunque quienes se llevan la palma en este tipo de contactos son las hembras de macaco japonés.

Los miembros de esta especie son, junto a los seres humanos, los primates que viven más al norte, llegando a habitar en zonas donde en invierno se alcanzan los –15 °C. Para luchar contra el frío tienen un pelaje muy denso y se meten en afloramientos de aguas termales donde están calentitos. Los macacos japoneses son esos monetes de cara roja que parece que llevan un abrigo de esquimal y que se sumergen en fuentes termales como si estuvieran en un *jacuzzi* y se quedan horas con una cara de placer que da ganas de ser macaco en la siguiente vida. Si eres de los pocos que no los ha visto en la tele o en internet, ya los estás buscando, porque son una maravilla y son de los animales que más gustico y paz mental dan.

Estos primates se juntan en grupos de decenas de individuos en los que manda un macho dominante y en los que hay una jerarquía de varones establecida a puñetazos, mordiscos y alguna alianza derivada del parentesco o a base de sexo gay entre machos. Pero las hembras tienen una estructura más peculiar en la que su jerarquía es heredada de su madre. Pero esa jerarquía es menos férrea y más flexible gracias a las relaciones entre ellas.

Más o menos una cuarta parte de las hembras de cada grupo forman relaciones sexoafectivas de días o semanas con otras hembras. Durante el tiempo que duran estas relaciones lésbicas ignoran completamente a los machos que intenten seducirlas. Eso sí, como estas bichejas son bastante civilizadas, evitan el incesto y nunca se emparejan con hembras de su familia directa. Curiosamente, durante la adolescencia, tanto los machos como las hembras de esta especie comienzan a tener relaciones homosexuales antes que heterosexuales. A los machos les echan del grupo familiar cuando tienen unos tres años, que para ellos eso es estar en pleno pavo, así que, como buenos adolescentes, se juntan en grupos de colegas juveniles. En esos grupos abundan el sexo gay, las relaciones entre machos de varias semanas y hasta algunas dosis de poliamor con tríos y cuartetos. A las hembras no las echan del grupo, pero comienzan a experimentar entre ellas bastante antes de hacerlo con los machos, seguramente porque estos son bastante brutos. Es tal la práctica que cogen entre ellas, que desde bien temprano desarrollan el arte de realizar posturas óptimas para el sexo entre ellas.

MURCIÉLAGOS CHUPI-CHUPI Y ESTRELLAS DEL ZOO

Seguimos viajando por las ramas de la vida. Abandonamos los primates, pero continuamos con los mamíferos. Y es que entre ellos, hoy en día (aunque puede que cuando se publique este libro los datos hayan cambiado), se han detectado comportamientos homosexuales en 261 especies de mamíferos (el 4 por ciento de las especies) y en 62 familias, lo que supone la mitad de estas.

Encontramos sexo entre miembros del mismo sexo hasta en los marsupiales, esos seres con tanta fantasía que llevan a sus bebés en riñoneras. Concretamente entre los seres más peluchiformes que hay: los koalas. Se han observado un montonazo de veces comportamientos homosexuales entre hembras. Y, ojo, ¡¡incluso orgías lésbicas entre koalas!!

Otra de las estrellas del zoo también tiene su cuota *queer* porque los machos de los leones, tan machotes ellos, cuando son jovencitos y se ven expulsados de la manada, se juntan en parejitas o en grupos de leones jovenzuelos donde abundan los arrumacos y las cópulas. Otros que parecen muy machotes son los bisontes americanos, esos bicharracos de las pelis de vaqueros con una cabeza enorme como la que lució uno de los seguidores de Trump que asaltaron el Capitolio en 2021. Pues entre los bisontes son muy habituales los cortejos y cópulas entre machos. Pero cópulas completas, no un *petting* suavecito. Y siguiendo con rumiantes de aspecto varonil, nos encontramos a los carneros, los machos de las ovejas. Casi 1 de cada 10 carneros se podrían considerar homosexuales, ya que tienen poco o ningún interés por las hembras, y 1 de cada 5 son bisexuales y tienen relaciones con ambos sexos. Y bueno, si hablamos de mamíferos a los que todos conocemos, no podemos pasar por alto a los perros, donde los comportamientos gais no son nada raros. La de veces que se ha vivido esa típica escena entre gentes cuyos perritos se saludan y que acaban en «Milú, ¿qué haces con Rex? ¿¡Milú!? ¡¡¡Milú!!!».

Ir especie por especie y familia por familia de mamíferos sería un rollazo, por lo que te voy a dar algunos ejemplos que me gustan mucho. ¿Mi especie de mamífero con ambientillo gay favorita? Mmm, déjame que lo piense. Buah, lo tengo clarísimo: los murciélagos chupa-pitos.

¡¡Espera!! ¿¡Qué acabas de decir!? Pues lo que oyes. Vamos a hablar de los zorros voladores de Bonin (*Pteropus pselaphon*). Si no tienes muy claro lo que es un zorro volador, son un grupo de murciélagos muy grandes pero cara de perrito simpático. Son tremendamente cuquis y creo que si no fuera por esas enormes alas negras que tienen, incluso la gente más remilgada los consideraría de los seres más achuchables que hay. Pero si hay algo que sorprenda de los zorros voladores es la gran afición que tienen los miembros de algunas especies a realizar lamidos genitales durante sus cortejos. Vamos, que previo a las relaciones sexuales entre hembras y machos hay sexo oral heterosexual. Pero los zorros voladores de Bonin son un poquito peculiares, porque el lamido genital se da solo entre machos y parece que sirve para que estén calentitos. No, no calentitos en sentido sexual, sino en términos literales: les sirven para darse calor. ¿Cómo? Lo que oyes. Antes de la época de apareamiento se forman grupos solo de machos y grupos solo de hembras. Grupetes que se juntan durante el día hechos una pelota para conservar el calorcito. Pero si ya compartir cuarto con una persona es un asco, imagina lo que es vivir con diez o veinte murciélagos apachurrados y encima boca abajo. Claro, la tensión está en el aire y los conflictos saltan. Eso es como compartir piso con diez amigos en el típico cuchitril de Madrid de veinte metros cuadrados y por el que pagas 900 lereles al mes. Bueno, total, que de tanto apachurramiento es normal que salten chispas y los murciélagos se enfaden. Pero para eso tienen el truquito del chupi-chupi gay: al lamerse los genitales unos a otros, esos grupos de machos son capaces de rebajar la tensión, convivir en paz y armonía y poder aguantar todos juntos para así darse la mayor cantidad de calor posible. Así que, como te decía, tienen relaciones gais para mantenerse calentitos porque gracias a sus jueguecillos soportan la convivencia. Muy prácticos ellos. Es como vivir en una especie de comuna-orgía para no tener que pagar la calefacción. Todo es probarlo, pero la verdad es que por ahora no me convence. O sí... Igual me lo pienso.

CALAMAR, TIENES ALGO EN LA BOCA

Ya que hablamos de algo parecido al sexo oral homoerótico, permitidme que pegue un enorme salto del tigre a una rama de la vida bastante alejada: la de los cefalópodos. Si alguna vez se te olvida quiénes son, recuerda que *cefalo-* viene de «cabeza» en griego. Lo puedes recordar pensando en esas series cutres de hospitales llenas de médicos buenorros que se lían entre ellos y donde decían cosas como «varón, treinta años, pérdida de masa encefálica». Y el *-podos* de cefalópodos viene de «pie» en griego. Los cefalópodos son, literalmente, «los que tienen los pies en la cabeza». ¿No te suena ningún animalito así? Anda, si seguro que te los has comido a la gallega o en su tinta. Los cefalópodos son la rama de los moluscos que acoge a pulpos, sepias y calamares. Uf, qué hambre me acaba de entrar, que soy de Santander y allí las rabas de calamar son religión.

Vamos a hablar del calamar de Humboldt (*Dosidicus gigas*), una especie que vive en el Pacífico y cuyos individuos pueden llegar a medir hasta dos metros. También se lo conoce como jibia chilena, potón peruano y un montón de nombres más, porque este animalito vive cerca de las costas de Sudamérica, y si algo caracteriza a las gentes latinas es su labia para inventar palabras. Los calamares de Humboldt son semélparos. ¿Qué significa eso? Pues que solo se reproducen una vez en la vida. Es tal el esfuerzo que supone para la hembra producir huevos y para el macho espermatozoides que quedan exhaustos tras el *chusqui chusqui* y mueren. Pero es que montan tal frenesí que es imposible no agotarse. Forman enormes orgías, un desenfreno reproductivo apabullante que acaba al amanecer con miles de cadáveres que se convierten en un bufé libre para el resto de los habitantes del mar. ¿Qué hay de desayunar hoy? Orgía de calamares recién copulados. Yummy yummy.

Pero los calamares y las sepias no tienen sexo de la misma forma que nosotros. Los machos no tienen pene, sino un tentáculo copulador que sirve para llevar el esperma a la hembra. Como son muy *apañaos*, llevan el esperma en una bolsita, que me parece una cosa monísima, y la depositan educadamente cerca de la boca de la hembra, que ya me parece un poco menos educado. Las hembras tienen ahí receptáculos seminales, que son unas pequeñas cavidades que usan para guardar esas bolsitas de esperma (llamadas espermatangios). Ellas son muy ordenadas y meten cada espermatangio en un receptáculo, así los tienen guardados como en una librería. Se cree que en algunas especies las hembras son capaces de elegir cuál utilizar según quién quiera que sea el padre. Y, según la especie, esos espermatangios pueden estar almacenados desde unas pocas horas hasta ¡¡140 días!! Eso es esperma añejo ya... Esos espermatangios se quedan a buen recaudo hasta que la hembra los vaya cogiendo con sus tentáculos y los lleve a su masa gelatinosa de huevos para fecundarlos. Hasta que realice la fecundación, esos huevos se quedarán cerquita de la boca.

Pero ¿este no era un capítulo de animalitos gais, bi y lesbis? ¡Ya voy, ya voy! Resulta que los científicos investigan bastante a los calamares de Humboldt porque cada vez son más pequeños y no se sabe por qué, así que se estudian bastante sus hábitos reproductivos. Como pillarlos en plena orgía multitudinaria es complicado porque no avisan a los humanos de donde van a montar la fiesta, un equipo se dedicó a recoger ejemplares y examinar si las hembras tenían esas bolsitas de esperma tan ricas en la boca, lo que indicaría que habían copulado. Y lo que descubrieron fue que era tremendamente habitual encontrar esas bolsitas de amor también en los machos. Pero vamos, lo más normal del mundo. Lo que quiere decir que los machos de calamar de Humboldt copulan con otros machos y les dejan sus bolsitas de zumo de macho en la boca. ¿Precioso, verdad? Seguro que cuando compraste este libro jamás te imaginaste que iba a convertir a los calamares en un icono gay.

PAPÁS PINGU
Y QUEBRANTAHUESOS
POLIAMOROSOS

Volvemos con los vertebrados, además con los que más me gustan a mí: las aves. ¿Que igual me gustan porque me recuerdan a mí porque son muy del amor libre y tienen mucha pluma? Ni confirmo ni desmiento. Pero es cierto que, como veremos y hemos visto en otros capítulos, las aves tienen vidas sentimentales complejísimas, llenas de parejas duraderas, pero también de infidelidades, poliamores y relaciones abiertas. Si en vez de una especie de primate africano hubiera sido una especie de ave quien hubiera evolucionado hasta tener civilizaciones, tecnología y teléfonos móviles, seguro que *La isla de las tentaciones* habría sido mucho más entretenida. Así que es obvio que los pájaros no iban a quedarse fuera del mundo de los amores diversos.

En el año 2004 se hicieron famosos Roy y Silo, dos pingüinos barbijo macho del zoo de Central Park (Nueva York) que criaron juntos un pollito. Llevaban ya un tiempo con comportamientos típicos de pareja, como realizar vocalizaciones para llamar al otro, darse arrumacos y regalarse piedras para construirse un nido con ellas. Pero lo más rebonico llegó cuando los cuidadores vieron que trataban de incubar una piedra, se apiadaron de ellos y les dieron un huevo fecundado procedente de otra pareja. Y de ese huevito salió Tango, un pollito al que cuidaron con esmero.

Esta historia tan cuqui dio hasta para la publicación de un cuento infantil: *Tres con Tango*, que cuenta la historia de esta peculiar familia de pingüinos y que tiene la desgracia o el orgullo de haber sido durante varios años el libro más censurado de los Estados Unidos de América. Roy y Silo duraron juntos seis años, pero al final Silo se fue con una hembra llamada Scrappy y Roy con otro macho llamado Blue.

Aunque estos dos fueron los más famosos, cada poco tiempo siguen saliendo noticias de pingüinos gais en zoológicos de todo el mundo. Hemos leído sobre pingus que adoptaron huevos. Como Stephen y Magic, dos pingüinos juanito del acuario de Sidney. O Skipper y Ping, dos pingüinos rey del zoo de Berlín, o los dos machos de pingüino del Cabo de un centro cercano a Utrecht que robaron un huevo a una pareja hetero. Tranquis, que la parejita robada luego puso otro. Supongo que las crónicas de pingüinos gais son buen material de relleno para los telediarios cuando llega el verano, no hay demasiada actualidad que contar y los noticiarios empiezan a dedicar tiempo a reportajes de diarrea mental al sacar a gente por la calle diciendo que hace calor o que hay que dar sandía a los abuelos para que no se deshidraten. Pero es que esto no debería de ser noticia porque sabemos que las relaciones homosexuales entre las aves son muy muy habituales.

Entre las gaviotas, un 14 por ciento de las parejas (más o menos 1 de cada 6) son homosexuales. En este caso, suelen ser hembras y además acostumbran a copular con un macho para tener crías y luego sacarlas adelante entre ellas. O sea, el típico amigo que dona semen a sus amigas lesbis. Y entre las parejitas de machos es muy frecuente que adopten pollitos perdidos o huevos abandonados, lo que contribuye a la supervivencia de la especie. Entre los cisnes negros, 1 de cada 4 parejas es entre dos individuos del mismo sexo, principalmente machos. A veces la cosa empieza con una trieja en la que hay también una hembra y a la que los machos expulsan una vez ya ha puesto los huevos. En otras ocasiones directamente se ponen chungos con alguna pareja heterosexual a la que echan de su propio nido para quedarse con sus huevos. No tienen muy buenas formas, no...

Otros que mezclan la homosexualidad y las triejas son los famosos quebrantahuesos. Ilustres los pobrecicos por haber estado muy cerca de desaparecer de la península ibérica por culpa del uso indiscriminado de venenos. Por fortuna, los esfuerzos de conservación están funcionando y vuelven a planear sobre los Pirineos y los Picos de Europa, aunque queda mucho para que sobrevuelen de nuevo todos los sistemas montañosos de la península como hicieron antiguamente. A estos enormes bicharracos, que de punta de un ala a la otra miden casi como un coche, les cuesta bastante reproducirse. Son muuuuy leeeentos. Sus pollos tardan casi medio año en abandonar el nido y no alcanzan la madurez reproductiva hasta que tienen entre siete y diez años. Son un poco pesados para quienes se dedican a su conservación porque es muy normal que algunos años se junten por parejas, construyan su nido y luego no pongan ni un mísero huevito. Lo que es muy curioso es que, aunque la mayoría de las aves rapaces son monógamas, algunas especies, como el quebrantahuesos, el alimoche y el aguilucho cenizo, practican de vez en cuando la poliandria. Es decir, forman tríos que suelen estar compuestos por dos machos y una hembra, aunque también se han observado por primera vez tríos de dos hembras con un macho. Aparte de hacer tríos, en los Pirineos se observó a un cuarteto de dos machos y dos hembras que estuvieron compartiendo nido y vida sentimental durante varios años. Un «Felices los cuatro» de Maluma pero cambiando el reguetón por comer tuétano de rebeco. Eso sí, este cuarteto de amor nunca llegó a reproducirse con éxito.

LA TIJERA REPTILIANA

Entre los reptiles y anfibios no hay tantos casos documentados de comportamientos homosexuales, pero puede que se lleven el título de tener algunos de los más espectaculares. ¿Sabes cuando llega la primavera y empiezan a sonar los coros de ranas y sapos en charcos y lagos? Pues eso suele ser un auténtico frenesí con trazas de orgía. Normalmente los machos cortejan a las hembras para que les permitan (o no luchen demasiado para evitarlo) colocarse sobre su espalda y quedarse ahí agarraditos hasta que la hembra ponga los huevos y poder ir fecundándolos mientras salen. Pero no es raro ver torrecitas formadas por una hembra que lleva encima dos o tres machos o hasta torretas de parejas y de tríos de machos un poco confusos porque el de abajo hace ruidos raros que significan «¡Que soy un tío!».

Pero estas historias gais de los sapos, que son apenas confusiones en medio de tanto sexo primaveral en la charca, no son nada comparado con las lagartijas lesbianas clonadoras. ¿El qué? *Cnemidophorus* es un género de lagartos conocidos vulgarmente como lagartijas de cola de látigo en el que hay algunas especies formadas únicamente por hembras. En ellas, las hembras son capaces de reproducirse mediante partenogénesis, ese parto virginal de que te hablé durante el primer bloque. Como ya lo hemos tratado en un capítulo anterior, solo te recordaré que sucede cuando un óvulo sin fecundar se desarrolla como un embrión y forma un nuevo individuo. Pero lo más curioso es que, en el caso de las lagartijas de cola de látigo, el estímulo para autoembarazarse es mantener relaciones sexuales lésbicas con otra hembra. Hacen la tijera reptiliana. Claramente, esas lagartijas fueron a ver *Buzz Ligthyear*. Si no has pillado el chiste, recuerda la que se armó por el besito entre dos personajes femeninos en dicha peli y que hizo que no se permitiera su proyección en los cines de medio mundo y que en algunos cines españoles se pusiera en el cartel una advertencia que anunciaba que contenía ideología de género. Que no sé muy bien qué es eso ni qué problema le puede suponer a alguien un beso entre dos señoras cuando en las pelis de dibujos hemos visto besos no consentidos a princesas en coma, a princesas muertas y hasta picos entre dos perros que comparten espaguetis. Pero dos mujeres no, ¿¡dónde se ha visto eso!?

BICHOS QUE VAN A TOPE

Si pensabas que las relaciones homosexuales tenían que ser solo cosa de animales simpáticos y festivos como los pajaritos o los mamíferos, estabas muy equivocado, porque también son normales entre esos seres a los que solemos menospreciar llamándoles «bichos» poco antes de darles un pisotón y esparcir su hemolinfa por la suela de nuestro zapato. Se han observado relaciones homosexuales en 110 especies de insectos y arácnidos. Probablemente haya muchas más, pero más de un centenar no son pocas, y encima se ha visto en muchos tipos distintos de artrópodos: moscas, escarabajos, mariposas, avispas...

¿Conoces las moscas de la fruta? Son esas mosquitas chiquitajas que aparecen cuando se te quedan los plátanos que ya no dan ni para bizcocho y que parece que salen de ahí por generación espontánea. También son los organismos que más han aportado a nuestros conocimientos sobre genética gracias a hacerles perrerías en su ADN que les llevan a tener antenas en los ojos y otras rarezas similares, pero esa es otra historia. El caso es que las moscas de la fruta hacen honor a su nombre y adoran la fruta madura. Y cuando está ya muy muy madura, se producen pequeñas dosis de etanol, algo que a las mosquis les encanta. A veces se chuzan a fruta pocha, se ponen como Las Grecas y los machos empiezan a cortejarse y copular entre ellos. Homosexualidad por pedo, un clásico de las fiestas universitarias.

No son las únicas moscas con comportamientos homosexuales: los machos de la mosca escorpión seducen a otros machos para robarles comida en pleno acto amoroso. Me recuerdan a mí, que anda que no he ligado yo en el Papizza de Callao a altas horas de la noche después de salir de clubes de caballeros.

El sexo a veces tiene un componente un poco malicioso en los insectos. Hay otros bichejos donde los machos se ligan a otros machos para trolearles. En algunas especies de mariposas, avispas y polillas los machos utilizan su sexapil para atraer a otros machos hacia ellos y distraerlos así de las hembras a las que ellos mismos quieren cortejar. No sé muy bien cómo se la cuelan, pero lo único que me viene a la cabeza es la mítica escena de la versión de dibujos de *El libro de la selva* en la que Balú se disfraza de orangutana sexi para distraer al Rey Lui. Cáspita, ahora voy a estar toda la tarde canturreando «dubidú, quiero ser como tú...».

La copulación de las libélulas no tiene desperdicio. Bueno, de hecho nada en las libélulas tiene desperdicio y han alimentado durante décadas la imaginación de los creadores de ciencia ficción. Las mandíbulas extensibles de *Alien*, que tanto canguelo produjeron en los ochenta, y las naves de *Dune* en las que sobrevolaban el desierto Timothée Chalamet y Jason Momoa (que vienen siendo el concepto de «las dos Españas» aplicado a la belleza masculina) se inspiraron en estos insectos. Lo que creo que no ha inspirado a ningún escritor o cineasta del mundillo *sci-fi* son sus apéndices anales. Espera, que lo repito varias veces a ver si así te genera menos asco o inquietud: apéndices anales, apéndices anales, apéndices anales. Fíjate, te doy asco y a la vez relleno páginas para que el libro pese más.

Los apéndices anales son como una pinza que tienen los machos de algunas especies de libélulas y que utilizan para agarrar a las hembras durante la cópula. Como su propio nombre indica, salen del final del abdomen, de al lado del culete, pero aferran a la hembra justo detrás de la cabeza en una postura bastante imposible que hace que cuando las libélulas chingan la pareja adquiera una forma similar a un corazón que puede que hayas visto en alguna visita al campo. Si te parecían románticas, piensa que el macho está agarrando a la hembra con su culo... El caso es que los machos son un poco brutos y sus pinzas anales dejan una marca detrás de la cabeza de su amada que los investigadores pueden detectar. Y, ¡oh, sorpresa!, en muchas especies los machos suelen tener marcas detrás de la cabeza hechas con el amor del culete de otro macho. En algunas especies de libélulas, hasta el 80 por ciento de los machos tienen señales de haber recibido amorcito de los apéndices anales de su «amigo especial».

Si los machos de libélula te parecen un poco brutos, tienes que conocer la historia del animal al que más temo del mundo mundial: las chinches de cama... Si has tenido plaga de chinches entenderás por qué me dan terror. Si no has tenido plaga de chinches, te diré que me dan más miedo que fieras terroríficas como leones, tigres o tiburones porque ninguno de esos bichos va a aparecer en mi casa del extrarradio madrileño y me va a obligar a tirar el colchón, a lavar absolutamente toda mi ropa a 90° y a fumigar mi casa. ¡Asco de bichos! ¡Horror! ¡Terror! Pero es que encima las chinches de cama tienen una de las cópulas más bestias del mundo animal. Los machos practican un método conocido como inseminación traumática, en la que clavan su pene con forma de sable en las hembras e inyectan su esperma en su abdomen a lo bestia. Para evitar desgracias, las hembras han desarrollado estructuras para que el pene-sable entre un poco suavemente y no les cree una herida monstruosa que pueda infectarse. Pero el problema es que los machos de las chinches se dedican a clavarle el cipote a quien sea, les da igual que sea macho o hembra siempre que acabe de alimentarse. Si ven otra chinche, del sexo que sea, que se haya puesto morada a base de sangre de su pobre huésped, a por ella que van a darle el picotazo del amor. Cuando agarran a otro macho, estos intentan avisar de que son otro macho lanzando un chorrazo de feromonas, pero eso no suele funcionar y acaban con el pene-sable incrustado. Y ellos no tienen estructura que mitigue el arponazo, les dejan desgraciaditos. Si estás pensando que menudo asco que eso pueda pasar entre tus sábanas, te aseguro que el sexo salvaje y cruel es el menor de tus problemas si tienes chinches en tu cama...

Y me guardo para el final del bloque de los artrópodos a los escarabajos porque son la repera, la leche, lo más de lo más. Aproximadamente 1 de cada 4 especies de animales conocidas en la actualidad son escarabajos. Son el grupo animal más numeroso, y si no fuera por ellos, el mundo estaría cubierto de caca, de bichos muertos y de basura en general. Encima también polinizan, que mucho hablar de las abejas pero sin escarabajos nos iríamos todos al pedo bien rápido. Como hay tantísimas especies de ellos, también hay distintos tipos de sexo gay y de causas de este. En algunas especies, los machos copulan con otros

machos para vaciarse del esperma viejo y así cuando co-
pulen con una hembra usarán uno nuevecito y lleno de
espermatozoides rápidos y ágiles. O sea, que usan a sus
congéneres como un muñeco sexual o como un pañuelo
arrugado que acaba en el suelo del cuarto de un adolescente. Otros lo hacen con el malicioso fin de favorecer una
fecundación indirecta. Es decir, al copular con otro macho,
le introducen a este sus espermatozoides y así cuando
este copule con otra hembra la fecundará con los espermatozoides del primer macho. Es una cópula en diferido.
Sin embargo, en general, la mayoría de las investigaciones
indican que la principal razón por la que los escarabajos
tienen relaciones homosexuales entre machos es... que se
confunden... Son tan malos buscando pareja que no es
raro encontrarse a los machos de algunas especies montando a hojas, ramas, animales de otras especies y hasta
los botes de recolectar muestras de los investigadores.
O lo que es lo mismo, que no atinan. Ellas son bastante
más espabiladas y saben elegir mejor. En su caso también hay especies de escarabajos en las que las hembras
tienen relaciones lésbicas, pero es porque así lo deciden.
De hecho, en algunas especies ellas se montan para parecer más grandes y atraer más machos porque resulta
que en dichas especies ellos son de «caballo grande ande
o no ande».

PARADOJA DARWINIANA

Ya has visto que los comportamientos homosexuales y bisexuales, ya sea para emparejarse durante años o para echar un kiki espontáneo, están extendidos por todas las ramas del reino animal. Y esto hace que Charles Darwin se revuelva en su tumba. No, no es que fuera homófobo. Eso no lo sabemos, aunque, puesto que era un señoro de clase social alta del siglo XIX, probablemente lo fuera. Y como buen hijo de su tiempo, era un machista redomado que escribió cosas como: «El hombre ha logrado un mayor éxito que la mujer en cuanto a muchas de las facultades mentales más elevadas y en las actividades que requieren estas facultades». Pero hemos de disculparlo porque era producto de su siglo y tenía los sesgos de su época. Aunque dijera cosas horribles, mejor no juzguemos el pasado con ojos del presente, porque igual dentro de 200 años nos consideran a todos los que vivimos en la actualidad seres completamente amorales y miserables por pasar de largo cuando vemos a una persona durmiendo en un cajero automático.

Si Darwin se revuelve en su tumba con los amores diversos que florecen en el mundo animal es porque cuadran poco o nada con sus teorías de la evolución mediante selección natural. Desde una perspectiva darwiniana, lo lógico sería que la selección natural favoreciera únicamente características y comportamientos que llevaran a la reproducción. Es decir, que perpetúa la especie quien más se reproduzca. Aunque un animalico con comportamientos homosexuales o que sea marica o bollera perdida puede copular con alguien de distinto sexo y tener descendencia, desde luego va a ser menos habitual. Si a eso le añadimos millones de años y miles de generaciones que se van reproduciendo una tras otra, lo lógico es que poco a poco el número de bichos homosexuales fuera descendiendo hasta desaparecer.

Pero no es así. La homosexualidad sigue presente en la naturaleza. Esto es, amigues mies, una paradoja darwiniana: un fenómeno que parece contradecir las leyes de la selección natural según la teoría de Darwin y que se aplica a situaciones en las que rasgos o comportamientos que parecen ser desventajosos desde el punto de vista de la supervivencia y reproducción persisten en una especie.

Vamos, que si existiesen genes que predispusieran a la homosexualidad, las leyes de Darwin nos dicen que deberían haber ido desapareciendo a lo largo de las generaciones porque estos animales tendrían menos hijos. Pero la gente que se dedica a investigar la evolución y la genética es muy espabilada y ha llovido tanto desde Darwin que hoy hay muchas teorías sobre por qué y cómo la homosexualidad sigue siendo tan normal entre los animales.

LOS CUIDADORES DE SOBRINOS

Hay un dicho que me encanta y dice: «A quien Dios no le da hijos, el demonio le da sobrinos», y que se refiere a que en algún momento de tu vida te va a tocar cuidar niños, ya sean los tuyos o los de tus hermanos o hermanas. Encargarte de tu sobrino el pesado y tener que tragarte con él toda la segunda temporada de *Patrulla canina* en bucle es tan, pero tan natural, que hasta hay un término en biología para referirse a este tipo de atención: los cuidados aloparentales. Este concepto se refiere a cualquier forma de cuidado parental brindado por un individuo hacia jóvenes que no son su propia descendencia directa. Más o menos como cuando tus tíos te llevaban a merendar, te recogían alguna vez a la salida del cole o te daban un paquete que los Reyes Magos habían dejado en tu casa y tú pensabas: «¿Y por qué narices no lo han dejado en la mía?», cuando tú todavía seguías metido a tope en la gran conspiración navideña.

Los cuidados aloparentales son muy habituales en animales y pueden incluir comportamientos como limpiar, enseñar o proteger a las crías. Por ejemplo, seguro que has visto en los documentales de La 2 a las leonas dando lametazos tanto a sus cachorros como a sus sobrinos o a una pobre leona haciendo de canguro de tropecientos leoncitos hiperactivos mientras el resto de las madres salen a cazar. Son comportamientos que aparecen en casi todas las especies sociales y tienen una explicación muy lógica en la selección natural: mis sobrinos y sobrinas también llevan parte de mis genes, si los protejo y los cuido, se harán mayores, se reproducirán y mis propios genes también se perpetuarán y pasarán a la siguiente generación. A este razonamiento se le llama selección familiar o selección de parentesco y volverá a aparecer en este libro cuando hable de abejas (¡las abejitas son lo más de lo más!).

Y tú te preguntarás qué tiene que ver todo esto con la homosexualidad. Pues muy fácil: en algunas especies, la existencia de individuos homosexuales, sean machos o hembras, aumenta el número de individuos adultos que hay en el grupo y que, al no tener hijos propios, pueden ayudar a cuidar de las crías del grupo en general. Podemos ver un ejemplo en los pingüinos que adoptaban huevos o pollitos abandonados e incluso en los cisnes que robaban huevos (que igual te parece *hardcore*, pero piensa que esas parejas de cisnes hetero que se quedan sin huevos en unos pocos días realizan otra puesta).

Otro ejemplo son algunas especies de cabras montesas en las que una buena parte de los machos son homosexuales. Estos apenas se interesan por las hembras y forman vínculos afectivos estables y duraderos con otros machos. Estas parejitas de carneros gais se quedan en el grupo y no compiten con el macho dominante por las hembras ni lo molestan en absoluto, pero sí que protegen al rebaño cuando hay situaciones de peligro. Normalmente, esos machos están en ese grupo porque son grupos familiares, así que cada vez que defienden de los depredadores a sus sobrinos, hermanas, primas, etc., también están favoreciendo la supervivencia de sus propios genes, incluidos los de aquellos que han hecho que sean homosexuales, por lo que en el futuro tendrán más sobrinitos gais. La próxima vez que me pregunten si soy gay voy a responder: «No soy gay, solo cuido sobrinos».

UNA POQUITA DE ACLARACIÓN

tra de las posibles razones por las que los «genes gais» han ido pasando de generación en generación puede ser que sean genes que tengan ciertas triquiñuelas. Pero antes de explicarlo quiero aclarar una cosa y hacer lo que los jovenzuelos llaman un *disclaimer*. Al leer sobre genes que hagan o favorezcan que un animal pueda tener comportamientos homosexuales o bisexuales, seguramente se te haya pasado por la cabeza la posibilidad de que en los humanos exista algo así como el gen gay. Te diré que, efectivamente, es algo que se ha investigado. Se ha estudiado la base genética de la homosexualidad humana, principalmente de la masculina, porque el sesgo machista que ha arrastrado la ciencia durante siglos ha llegado incluso a los estudios sobre la diversidad sexo-afectiva. Pero también te diré que, aunque la posibilidad de una base genética de la orientación sexual humana es un temazo, es algo que no vas a encontrar en este libro. ¿Por qué? ¿Acaso me da miedo abrir ese melón? Puede ser, pero esa no es la causa. La razón es que, aunque aquí alguna vez se haga referencia a los humanos o yo haga chistecitos comparando nuestra vida sexual con la de otras especies, esta obra trata sobre el sexo de animales, plantas, hongos y bacterias. «¡Pero si los humanos somos animales!», dirás. Pues sí, y a mucha honra. Pero es que nuestro comportamiento a nivel sexual, nuestra orientación e incluso nuestra identidad y expresión de género no están influenciados solo por nuestra genética ni por nuestra biología. Los seres humanos también tenemos cultura, historia, sociedad... Un montón de parámetros y condiciones que afectan a lo que somos, sentimos y queremos. Hablar de la homosexualidad, la bisexualidad e incluso la transexualidad en humanos usando solo un enfoque biológico sería tremendamente negligente. Para estudiar la diversidad sexo-afectiva o el género humano, tendríamos que hacerlo bajo el prisma de varias disciplinas a la vez: la antropología, la filosofía, la historia, la etnografía... Los amoríos humanos han sido siempre complejos y cambian tanto a lo largo del espacio, el tiempo y hasta el estrato social, que creo que nuestra biología puede importar bien poco.

Ahora bien, aclarado que un gen no te va a hacer ser un muchachito enganchado a *Eurovisión* o una mujerona que ame las camisas de leñador, si sigues queriendo saber si existe un «gen gay», te animo a que busques información sobre ello. Te adelanto que sí que existen evidencias de que puede haber cierta influencia de la genética, pero que no es completamente determinista. Es decir, que ciertos genes podrían predisponer a la homosexualidad humana. Es algo que se entiende muy bien con unos seres que son auténticos experimentos de genética con patas: los gemelos. Pero me refiero a los gemelos monocigóticos, los que son idénticos, clones con exactamente el mismo ADN. Si tienes un hermano gemelo gay, la probabilidad de que tú también lo seas es casi tres veces la habitual. Eso nos da dos pistas: que probablemente sí que haya una genética que predisponga, pero que solo predispone, no es determinante. Pero, como te decía, no voy a abrir ese melón, porque si no acabo escribiendo una tesis y yo lo que quiero es hablar de animalitos graciosos.

TRIQUIÑUELAS GENÉTICAS

Ahora que ya me he puesto intensito, vamos a volver con la genética maribollo de los animales. Como te adelanté antes, es posible que los genes que predisponen a comportamientos homosexuales no se extingan a lo largo de los tiempos de la evolución porque hagan algunas jugarretas genéticas. Jugarretas involuntarias, más bien casualidades, pero unas triquiñuelas muy útiles para que sobrevivan genes que parecen enfrentarse a las leyes de la selección natural.

Una de esos timos genéticos es el antagonismo sexual: cuando un gen o una característica aumenta el éxito reproductivo en un sexo pero lo disminuye en otro. Te voy a poner un ejemplo del que probablemente me vaya a arrepentir porque también habla de genética y homosexualidad humanas y acabo de decirte que no iba a hablar de eso, pero, mira, me como mis palabras como si fueran bomboncitos de esos redondos de Lindt (que no me patrocinan, pero podrían mandarme unos chocolatitos si me leen). Diferentes estudios han confirmado que en las familias de homosexuales hay muchos más homosexuales por el lado de la madre. No hablamos de un caso o dos, ni de que igual en la familia de tu madre sean más progres y la gente sale del armario con más facilidad o que en la familia de tu padre se siga hablando de «tu tío rarito y su amigo». No, me refiero a que estudiando cientos de familias siempre se repite el mismo patrón: más hombres homosexuales en la familia de la madre. Y, aunque no está confirmado, ese antagonismo genético podría ser una buena hipótesis para explicarlo. Quizás uno o varios genes aumenten el éxito reproductivo cuando están en mujeres, pero predispongan a la homosexualidad en hombres. Imagina, podría ser un gen que hiciera que a las mujeres les atrajeran más los hombres, pero que causara que a los hombres nos gustaran también los hombres. En plan: «A mamá le gustan los pitos muchísimo. Tanto que a mí también».

La otra triquiñuela genética podría ser la sobredominancia genética. Ya sea porque te hayas leído otros capítulos de este libro o porque atendieras en el cole a las clases de genética, esas de hacer problemas sobre guisantes lisos y rugosos, puede que recuerdes que tenemos dos copias de cada gen, una copia de nuestro padre y otra de nuestra madre. En algunas ocasiones, cuando las dos copias son iguales, eso lleva a poseer una característica que disminuye las probabilidades de reproducirse, lo que conduciría a la desaparición de ese gen a lo largo de las generaciones. Sin embargo, hay veces en las que tener una sola de esas copias que hacen que te reproduzcas menos y la otra distinta puede traducirse en tener mayores probabilidades de sobrevivir y/o reproducirse.

Voy a ponerte un ejemplo de sobredominancia genética: la anemia falciforme. Esta es una enfermedad hereditaria en la que los glóbulos rojos sufren una malformación y, en vez de tener la típica forma redondeada, tienen aspecto de hoz o de media luna. Esta malformación de los glóbulos rojos se debe a una mutación en la hemoglobina, una proteína que está dentro de dichas células y que es la encargada de transportar el oxígeno en la sangre. Estos glóbulos rojos que están malitos son menos flexibles, por lo que les cuesta pasar bien por los vasos sanguíneos más pequeños y pueden producir tapones. Además, su vida es mucho más corta que la de los glóbulos rojos sanos. Mientras que los normales viven unos 120 días, los que tienen forma de hoz duran apenas entre 10 y 20 días, causando en sus portadores problemas de anemia, aparte de episodios de fuertes dolores, daños en los órganos y dificultades en el crecimiento. La buena noticia es que no es muy común padecer de anemia falciforme porque para ello tienes que tener mutadas las dos copias del gen de la hemoglobina: la copia de tu madre y la de tu padre. Si solo tienes una mutada, tendrás parte de tus glóbulos rojos un poco malitos, pero el resto estarán sanos. No obstante, puesto que en quienes tienen las dos copias la enfermedad es grave y quienes solo tienen una copia pueden tener ciertos problemas de salud, ¿por qué narices esos genes mutados no han ido desapareciendo a lo largo de las generaciones por simple selección natural? La pista nos la da una extraña casualidad: las zonas del mundo, como algunas partes del África Subsahariana y de Latinoamérica, donde la anemia falciforme es endémica, coinciden con las zonas donde más casos hay de malaria. Y es que, aunque te suene rarísimo, esos glóbulos rojos un poco enfermitos pueden salvar la vida de aquel que tenga la mala suerte de pillar malaria.

La malaria la causa un parásito, un protozoo del género *Plasmodium* que es transmitido por mosquitos del género *Anopheles*. Ese *Plasmodium*, que es básicamente un parásito muy pequeñito formado por una sola célula, entra en la sangre cuando a un humano le pica un mosquito que ha picado a otro humano infectado. El *Plasmodium* (que suele ser el de la especie *Plasmodium falciparum*) tiene un ciclo bastante complejo. Para no liarte te diré que después de reproducirse en el hígado infecta cantidades ingentes de glóbulos rojos, donde se multiplica tan a lo bestia que los revienta, dejando a su pobre huésped tan debilitado que es una de las principales causas de muerte en niños en los países en vías de desarrollo. ¿Y qué pinta la anemia falciforme en todo esto? Pues que al *Plasmodium* no le gustan nada las células sanguíneas esas que tienen forma de hoz, las que hemos dicho que estaban malitas por llevar la hemoglobina mutada. Cuando ataca a un humano que tiene una copia del gen mutada y la otra sana, el *Plasmodium* infecta las células sanas y deja las pochitas tranquilas, así que esa persona podrá tirar adelante gracias a los glóbulos falciformes (que, aunque estén pochos, algo hacen) y tendrá tiempo suficiente para recuperarse y sanar. Es decir, que tener las dos copias del gen de la hemoglobina mutados es una faena que disminuye tus probabilidades de sobrevivir, pero tener una sola copia mutada te da más papeletas para vencer a la malaria. Por eso el gen de la hemoglobina mutado es muy habitual en las zonas del mundo en las que la malaria es una enfermedad endémica.

A eso es exactamente lo que llamamos sobredominancia genética, cuando un factor genético en dosis altas disminuye las probabilidades de reproducirse (en el caso de la anemia falciforme porque reduce las de sobrevivir) mientras que en dosis bajas las aumenta.

¿Y qué tiene que ver eso con la homosexualidad? Bueno, es posible que en algunas especies los genes que puedan favorecer comportamientos homosexuales hagan descender las posibilidades de reproducirse cuando las dos copias sean iguales, pero que cuando solo haya una copia aumenten dichas probabilidades. ¿Y por qué? Pues vete a saber... Igual dan mayor fertilidad, un olor especial, más ganas de cuidar a las crías, belleza... Quién sabe. La biología y la genética son un enigma tan misterioso como a dónde van los calcetines que desaparecen en la lavadora o por qué tenemos palabras con bla ble bli blo blu y no con mla mle mli mlo mlu. Sé que acabas de intentar pronunciarlo, bribón.

HAYA PAZ

tra de las teorías que postulan que los comportamientos homosexuales en el mundo animal sean una adaptación evolutiva es *made in Spain*. Concretamente viene de un grupo de investigación del CSIC e indica que estos comportamientos y amoríos diversos se dan sobre todo entre mamíferos sociales, en especial entre primates, para que haya paz. El *chasqui-chisqui* entre individuos del mismo sexo (sean machos o hembras) serviría para mantener las relaciones sociales y evitar conflictos. Algo parecido a lo que vimos en los bonobos: que ante el conflicto mejor que una patada en la boca es un chochazo en la cara. Además, la homosexualidad masculina entre mamíferos, fundamentalmente la de los monetes, es todavía más frecuente en especies en las que las peleas suelen acabar en lo que se llama técnicamente «adulticidio», que viene a significar matarse a mamporros y mordiscos como dos zopencos. ¿Qué mejor forma de evitar las muertes a porrazos entre monos machirulos que evolucionar para canalizar toda esa testosterona y esa masculinidad tóxica para darse amorcito gay? A ver si aprenden los *hooligans*.

¿TODOS CON TODOS?

Dejo para el final mi teoría favorita sobre por qué la homosexualidad y la bisexualidad están tan, pero tan tan tan extendidas en el mundo animal. ¿Y si, sencillamente, la bisexualidad fuera la orientación original? ¿Y si, más que aparecer la homosexualidad en algunas ramas de la vida, fuera la heterosexualidad la que haya ido apareciendo como una excepción que se ha vuelto norma? Antes de que me acuses de piji-progre, de *woke* o como quieras llamarlo, dame la oportunidad de explicarme con una buena dosis de historia natural.

Para que entremos a tope en esta teoría, tengo que hablarte de unos animalejos que no he tratado en nuestro anterior viaje por los amores diversos. Me refiero a los equinodermos: las estrellas y los erizos de mar.

Las estrellas de mar no necesitan copular como tal, ya que la fecundación es externa: ellas liberan huevos, ellos esperma y ambos chorretes se mezcla por el agua. Pero si están cerca y bien pegaditos, aumentan las posibilidades de fecundación. Así, realizan pseudocópulas, que como no pueden chuscar es como que se miman fuerte mientras liberan huevos y esperma por todas partes. Lo lógico sería que se juntaran de dos en dos, pero normalmente se unen varias, una encima de la otra. Suele estar la hembra abajo y el macho o varios machos encima, pero es bastante normal encontrar orgías en torre en las que solo hay machos. Ellos ven el moñoño ese de machos y su instinto les dice que ahí abajo habrá una hembra soltando huevos y van, pero nada de nada.

Durante la época de cría, los erizos de mar se juntan para realizar pseudocópulas. Algo mucho más práctico que la cópula verdadera cuando eres un organismo recubierto de espinas afiladas y muchas veces venenosas. Se unen en parejas, parejas de dos, de las de toda la vida, que entrelazan sus espinas de una forma muy cuqui para optimizar la fecundación. Pero hay un problema: los erizos de mar no saben distinguir el sexo. Vamos, que se juntan con el primero o la primera que pillan sin saber si es macho o hembra. Para ellos ligar es como lanzar una moneda a cara o cruz. Tienen un 50 por ciento de posibilidades de estar junto a un individuo de distinto sexo y que haya fecundación y otro 50 por ciento de estar formando un dúo homosexual y de entrelazar sus chorros de esperma o de huevos sin esperanza alguna de engendrar descendencia.

Y aquí viene la hipótesis sobre la bisexualidad como orientación original. Los erizos de mar son animales muy antiguos, seguramente sean bastante parecidos y evolutivamente cercanos a los primeros metazoos (animales pluricelulares) que comenzaron a tener relaciones sexuales bien pegaditos en vez de lanzar sus espermatozoides y óvulos a distancia. Es muy posible que esos primeros animales que trataban de darle al fornicio tampoco tuvieran la capacidad de distinguir el sexo de su pareja. Y es bastante lógico, porque en términos evolutivos para que desarrolle la capacidad de diferenciar el sexo contrario primero tiene que haber alguna necesidad de hacerlo.

Es decir, lo lógico es que en la evolución primero apare-
ciesen las relaciones sexuales y luego ya la capacidad de
detectar el sexo de la pareja. ¿Para qué iba a necesitar un
antepasado no fornicador identificar el sexo de los de su
especie si se dedica a lanzar a chorros millones de células
sexuales con la esperanza de que alguna encontrara una
célula del sexo opuesto?

Alguno de los que me estáis leyendo, sobre todo los que
sois un poco frikis de las mandangas evolutivas, podéis
pensar que eso de no distinguir el sexo y que solo pueda
haber fecundación en la mitad de los encuentros sexuales
es desperdiciar mucha energía para tener descendencia
y que por selección natural tendría que haber desapare-
cido. Toda la razón del mundo, pero es que el sexo entre
organismos que sí distinguen los sexos también supone
desperdiciar muchísima energía. Piensa en lo que consu-
men la territorialidad y la agresividad entre los machos,
las danzas de cortejo, los animales que tienen que recorrer
distancias enormes para encontrar pareja, las migraciones
para buscar un lugar con alimento de sobra para poder
sacar adelante a la descendencia, etc. Como bien sabéis
quienes tenéis prole, tener hijos es un marrón tan grande
que echar un polvete más o un polvete menos para hacer el encargo a la cigüeña es lo de menos cuando tienes
que criar a un bebé que duerme menos que un adicto a
las *raves*.

DISCLAIMER HOMOSENSUAL

hora ya has podido ver que el abanico de especies animales donde se practica la homosexualidad justifica moral y éticamente que existamos las personas LGTBIQ+, ¿verdad? ¡Mal! ¡Muy muy mal! Si has pensado que si lo hacen monos, erizos de mar, chinches o cisnes, ¿por qué no lo íbamos a hacer nosotros?, eso es que has caído de lleno en la falacia naturalista: un error lógico que consiste en decidir lo que es moralmente correcto basándose únicamente en lo que es natural. Esta falacia asume erróneamente que lo «natural» es necesariamente bueno o moralmente aceptable y que lo «antinatural» es malo o inaceptable.

Esta falacia se aplica en muchísimos ámbitos de la vida. Un ejemplo típico es el de la medicina, cuando algunas personas consideran que un remedio natural es mejor que un fármaco por el simple hecho de que es natural, sin tener en cuenta si realmente está demostrada su eficacia, a qué dosis cura o si va a tener efectos secundarios. Sin tener en cuenta tampoco que muchos fármacos que tomamos originalmente proceden de plantas, pero se han terminado produciendo de forma sintética para asegurar que ingerimos la dosis correcta y para no tener que cultivar miles de plantas para obtener unas pocas gotas de medicamento. Pero la falacia naturalista también ha servido para, escudándose en la naturaleza, discriminar a personas por su raza, edad, sexo o género. Como aquellos que niegan el derecho a recibir un tratamiento médico a las personas mayores porque «es ley natural que mueran», aunque ese tratamiento sea simplemente para que su muerte sea menos dolorosa. Aquellos que han tratado de justificar el machismo alegando que son los machos quienes mandan en la naturaleza, obviando a propósito todos los ejemplos de especies matriarcales. O los escritos en los que Hitler hacía una interpretación torticera y digna de un preescolar al que le han caído tres macetas en la cabeza de la teoría de la selección natural de Darwin para justificar sus infames proclamas sobre la superioridad de la raza aria.

Lo que encontramos y lo que no encontramos en la naturaleza no sirve para defender a minorías ni a colectivos discriminados como las personas LGTBIQ+, las mujeres o las personas racializadas. No podemos escudarnos en la naturaleza para defendernos, porque la falacia naturalista también puede ser utilizada por aquellos que discriminan y odian. Debemos entender que los seres humanos no tenemos solo naturaleza y biología, sino también cultura, sociedad e historia, que son tan importantes o más que nuestra naturaleza para entender la diversidad de orientaciones e identidades de las personas. Las personas LGTBIQ+ tenemos derecho a ser y hacer por el simple hecho de existir. Somos ciudadanos de pleno derecho porque miles de personas han luchado y batallado para que podamos vivir, amar y expresarnos con y como nos dé la gana. No porque haya murciélagos gais o koalas lesbianas, sino por una cuestión de dignidad y de derechos humanos.

Por cierto, un segundo *disclaimer*. Aunque he insistido mucho en que este es un libro centrado en animalitos, plantas y otros habitantes de la naturaleza, en muchos momentos sí que he hecho referencia a los humanos y he hablado del colectivo LGTBIQ+. Y puede que hayas echado de menos la T y hayas apreciado que no me he referido a la transexualidad (o mejor dicho, a las personas transgénero) en este capítulo. Es por una razón similar a lo que te he explicado sobre los humanos y la falacia naturalista. Si en el caso de la orientación sexual (hacia quienes nos sentimos atraídos) hay un componente cultural, ambiental, social histórico, etc., imagina en el caso de la identidad de género... El género es un constructo social complejísimo y que evoluciona con los tiempos. Si tratáramos este tema, tendríamos que alejarnos mucho más de la biología para hablar de filosofía, historia, sociología, antropología...

Hablar de la identidad de género solo desde la perspectiva biológica sería hacer un análisis simplón de la existencia de las personas transgénero. Pero, sobre todo, sería una falta de respeto hacia las personas trans y no binarias, que tanta discriminación y odio han sufrido y siguen sufriendo.

Las personas LGTBIQ+ tenemos derecho a existir por el simple hecho de estar en este mundo.

VI
INSECTOS MUY SOCIALES Y MUCHO SOCIALES

LOS DRAMITAS DE SER DE LA REALEZA

l otro día estaba yo en un curso intensivo de unas técnicas muy frikis de teatro, porque uno además de biólogo es un poquito mamarracho y mocatriz, y, mientras estábamos sentados en el suelo en círculo al más puro estilo parvulario, un compañero empezó a gritar porque había una hormiga gigante. Y luego otro, y otro y otro... Porque el teatro estaba lleno de unas hormigas negras y gordas como truños que pululaban de un lado al otro del escenario como almas en pena. La gente empezó a gritar que si qué grandes eran, que si nos iban a picar, que si eran soldados y nos iban a morder, que si blablabla y blublublu y bliblibli. Hasta que puse orden y les dije: tranquilos, son reinas y no os van a hacer nada.

¿Que cómo lo supe? Primero, porque entre reinas nos reconocemos (ji, ji, ji). Y segundo, porque tenían músculos alares. Y para que entendáis esto voy a contaros la vida y miserias del ciclo de vida y el ciclo reproductivo de nuestras amigas las hormigas, esos seres que si fueran de nuestro tamaño nos destruirían y nos partirían en dos sin miramientos. Buah, ojalá ocurriera algún día para no tener que ir a trabajar nunca más...

¿Cómo empezar a describiros este ciclo? Porque es lo que pasa con los asuntos cíclicos, que no tienen principio ni final y uno no sabe por dónde abordarlos. Es uno de esos grandes misterios de la ciencia, como hasta dónde se lavan la cara los calvos o si la gente peluda debería lavarse el cuerpo con champú. Así que voy a empezar hablando del grupo, de la colonia, de la gran familia hormiguil.

¿Te suena qué tipos de hormigas hay en el hormiguero? Seguro que piensas en la reina, las obreras y los soldados, pero en realidad solo hay dos grandes tipos: las hembras reproductoras y las hembras no reproductoras. No te impacientes preguntándote por los machos, porque ya llegarán.

Las hembras no reproductoras son las obreras. Seguramente la inmensa mayoría de las ocasiones en las que has visto hormigas, se trataba de obreras. Y dentro de esas obreras puedes encontrar diferentes tamaños dependiendo de si les han dado más o menos papeo cuando eran larvas. En general, buena parte de las especies de hormigas tienen cámaras de guardería en el hormiguero donde cuidan a las larvas y les dan de comer, pero algunas larvas suertudas son elegidas para ser tratadas con más mimo y cuidado y recibir mucho más alimento para hacerse unas mostrencas bien grandes.

Si las obreras se quedan pequeñitas, entonces sirven para cuidar a las larvas y para gestionar residuos. Si son algo más grandes, pueden realizar tareas como forrajear (buscar semillas, hojas, etc.) y las que son un poco más grandes suelen excavar. Pero las obreras más grandotas, aquellas que da miedo verlas, son las que conocemos como soldados. Estos defienden el hormiguero, pero también se dedican a romper las semillas más gordas o a desmembrar los bichitos que caza el grupo. Así que las hembras soldado sirven lo mismo como cascanueces que de charcuteras.

Bien, te he hablado de las hembras no reproductoras, las estériles. Vamos ahora con las reproductoras. De esta clase solo hay una: la reina. Existen especies de hormigas en las que cada hormiguero puede tener varias reinas, pero lo normal es que a la mayoría de las especies se les pueda aplicar el famoso dicho de «reina no hay más que una». Y es que ese refrán, aunque suele usarse para las madres, va de perlas para las hormigas, porque las reinas ni mandan ni pinchan ni cortan, lo importante de ellas es que la hormiga reina es la madre de absolutamente todas las hormigas que te puedas encontrar en un hormiguero.

En especies como las *Messor barbarus* —unas hormigas negras que son muy habituales en España y que, a pesar de que su nombre las hace parecer asesinos monstruosos, se dedican principalmente a recolectar semillas—, la reina puede llegar a vivir hasta treinta años. Tres décadas de poner huevos sin parar en lo más profundo de un húmedo hormiguero. Uff, yo para llevar esa vida me hago republicano... Y es que ser de la nobleza hormiguil es un absoluto drama que no le desearía ni a un *cuñao* negacionista que dice eso de «*eg* que *er* clima *a canviado* siempre».

Seguramente alguna vez hayas visto hormigas con alas. De hecho, puede que hayas visto miles de ellas porque cuando aparece una hormiga voladora nunca está sola y siempre hay millones más en la zona. Estas criaturitas que surcan los cielos de un modo bastante torpe y que se chocan con cualquier cosa (incluyendo la boca de un *runner* de extrarradio como yo) son príncipes y princesas haciendo un baile nupcial al más puro estilo de la nobleza de las pelis victorianas rufufú, de esas en las que la peña lleva esos pelucones blancos que ojalá vuelvan a ponerse de moda.

Todas las hormigas con alas son de la realeza y mientras vuelan están haciendo su vuelo nupcial, el único vuelo de su vida y que emprenden para buscar churri. En otras palabras, que las hormigas aladas dan la putivuelta. Lo que es flipante es que los hormigueros de la zona se coordinan para lanzar sus alados al mismo tiempo para que así todos juntos realicen el vuelo nupcial y se apareen machos y hembras de distintos hormigueros para, básicamente, que no chusquen entre hermanos.

¿Y qué pasa después de que hayan ligado? Pues que los machos se mueren porque no sirven para nada. No es que les mate la cópula, es que no saben alimentarse, ni defenderse ni nada de nada. Si encuentras una hormiga con alas, es fácil saber si es un macho o una hembra porque los machos, los pobrecitos príncipes, apenas tienen desarrolladas las mandíbulas y da penica verlos. Así que o mueren de hambre o se los come otro bicho. Y es muy normal que sean las propias obreras de su misma especie quienes cacen a los príncipes y los desmembren para meterlos en el hormiguero. Es decir, que el baile nupcial es como *Los Bridgerton*, pero con descuartizamientos.

¿Y qué pasa con ellas? Pues que una vez le han dado al fornicio, inician su camino para pasar de princesas a reinas. Después de ser fecundadas, caen al suelo y se arrancan las alas para poder enterrarse bien. Hacen un agujero en la tierra, se meten ahí y pasan meses en un pequeño cubículo. Por cierto, por eso las hormigas aladas aparecen siempre en época de lluvias. No es que puedan predecir la lluvia como cree mucha gente, sino que salen cuando llueve porque así la tierra está blandita y las nuevas reinas pueden excavar fácilmente.

Y en su pequeño agujero se quedan meses en los que se alimentan digiriendo los músculos de sus alas (que ya no los necesitan y es la chepa esa que tienen) y reservas de grasa. Esos músculos son los que te comentaba al principio que pueden servir para saber fácilmente si una hormiga muy grande que te encuentres por ahí es un soldado o una reina. Usan toda esa energía almacenada en los músculos de las alas para poner sus primeros huevos, de los cuales saldrán unas hormiguitas muy especiales: «las nurses», unas obreras chiquitísimas y que viven muy muy poco, pero que sirven para cuidar a la reina y darle de comer para que sea capaz de poner más huevos. Pero esta vez unos huevos mejores y más alimentados con los que pueda tener a sus primeras obreras, gracias a las cuales la nueva reina ya puede formar un minihormiguero, que no será un hormiguero maduro hasta varios años después.

Tengo que decirte que este cuento de príncipes y princesas tampoco suele acabar bien para ellas. La mayor parte nunca llegan a enterrarse porque son devoradas por algún depredador o lanzadas por el viento a lugares en los que sus posibilidades de sobrevivir son bastante nulas. Incluso es muy habitual que algunas hembras aladas no lleguen nunca a salir del hormiguero. A veces porque se pierden, otras porque hace mal tiempo y otras veces porque son un poco vagas. ¿Qué pasa con esas reinas aladas que se quedan dentro del hormiguero? Pues en la mayoría de las especies pasa lo que os estáis imaginando: que las obreras las matan y se las comen. Aquí no se tira nada, ni a una princesa descarriada. Pero las *Messor barbarus* son más humanitarias y no las matan, solo las mutilan: les comen las alas para que no puedan volar nunca más. Las obreras les cortan las alas y las bajan de rango, convirtiéndolas en un tipo muy especial de hembras no reproductoras: las reinas de combate. Estas se vuelven mucho más agresivas (que entiendo que te pase eso si ibas para reina y te comen las alas) y desde ahora serán supersoldados a los que llamarán cuando haya una amenaza muy chunga, cuando haya que ejecutar a una presa muy gorda o si hay que romper una pipa muy dura. Es como el Megazord de los *Power Rangers*. ¡Larga vida a la reina de combate!

ZÁNGANOS SIN PADRE Y UN POCO APOCALÍPTICOS

No me voy a alejar mucho de las hormiguitas y sus embrollos, porque, aunque no te lo parezca a simple vista, las abejas son parientes de las hormigas. Hormigas, avispas y abejas son himenópteros y son todos descendientes de insectos voladores con bastante mala uva que vivieron hace unos 210 millones de años y que desarrollaron sus famosos aguijones hace unos 155 millones. O sea que seguramente bastantes dinosaurios fueron picados en el culo por alguna avispa malhumorada. He de reconocer que me alucinan las abejas, pero que tengo terror absoluto a las avispas. Lo cual me genera muchas contradicciones cada vez que recuerdo que las abejas son descendientes de avispas carnívoras similares a las que te aterrorizan en el campo para robarte el embutido del bocadillo.

Antes de empezar, voy a aclarar que vamos a hablar de *Apis mellifera*, las abejitas que hacen miel que todos conocemos. Porque en el mundo existen miles de especies de abejas y muchas de ellas llevan una vida muy diferente de lo que tenemos en mente al pensar en una abeja. La gran mayoría de las especies de abejas son solitarias. Solo unas pocas son insectos sociales (de los que forman una colmena) y buena parte de las que lo hacen viven en grupos pequeños. Por ejemplo, los abejorros del género *Bombus* —que son esos abejorros peludos y de culo gordo con rayas negras, amarillas y blancas— constituyen colmenas de entre cincuenta y cuatrocientos individuos. Que yo lo considero una barbaridad porque, aunque nos llevásemos bien, convivir con mis padres y mi hermano ya me parecía suficiente cuando era niño como para pensar en vivir con cuatrocientas hermanas y con tu madre (que encima es reina). Fatal. Pues esas cifras no son nada comparadas con una colmena de abejas melíferas donde pueden llegar a vivir 80.000.

Y ojo, porque esas decenas de miles de abejitas son hermanas. Bueno, o medio hermanas, porque menudo follón genético tienen montado. Igual que pasaba con las hormigas, la abeja reina no tiene este estatus porque mande, sino porque es la madre de todas las abejas de la colmena y la única capaz de reproducirse. Cada cierto tiempo, la reina sale de la colmena y hace un vuelo nupcial en el que hace guarrerías con un montón de machos, los zánganos. Como dato hermoso, los zánganos mueren durante la cópula porque eyaculan tan fuerte que les revienta el abdomen. Eso es un orgasmo y lo demás son tonterías. Durante este vuelo nupcial la reina puede copular con decenas de machos. Guarda el esperma de todos en la espermateca, un órgano diseñado para almacenarlo durante meses o incluso años e ir utilizándolo según lo necesite. Allí se mezcla el juguito de amor de sus diferentes pretendientes y hace «cóctel» con todos. Y sus hijas van a tener muchos padres distintos.

Una vez la reina ha dado su putivuelta y se ha puesto las botas en esa orgía tan explosiva, comienza a poner huevos. Estos pueden ser de dos tipos: fecundados o sin fecundar. Si un huevo no está fecundado, nace un zángano. Pero si está fecundado, nace una hembra que probablemente se convierta en obrera. Y digo probablemente, porque puede tener la mala suerte de ser trasladada a una celdilla especial donde será alimentada de jalea real y así convertirse en reina. Y hablo de mala suerte por dos motivos: primero, porque de ser abeja y poder volar prefiero dedicar mi vida a ir chupeteando florecillas por el campo antes que a vivir encerrada en una cámara mientras doy a luz decenas de huevos al día gracias al esperma de mis examantes cuyos genitales me han explotado encima. Y segundo, porque las abejas son muy previsoras y no se arriesgan a criar una sola reina, que siempre puede ponerse malita y morir antes de ser adulta. Ellas crían varias candidatas a reinas por si las moscas (bueno, por si las abejas, jeje). Pero solo una puede ser la reina, así que cuando hay varias herederas al trono en la misma colmena tienen que solucionar este real asunto de forma civilizada: matándose a picotazos hasta que solo quede una. Y eso me recuerda otro motivo por el que ser abeja reina es un ascazo, y es que cuando hay una nueva reina es la reina mayor la que debe pirarse de la colmena. Lo hace acompañada de casi la mitad de las obreras para fundar una nueva colonia y hasta se llevan una buena parte de la miel almacenada, por lo que no está tan mal, pero eso de que tu hija te eche de tu casa me parece una cosa feísima y digna del peor de los ninis candidato a ser concursante de *Gran Hermano*.

Pero volvamos con los zánganos, que son seres que me flipan. Y no me alucinan solo por sus genitales explosivos ni por su muerte por kiki absolutamente traumática. Me alucinan porque nacen de un huevo sin fecundar, es decir, que no tienen padre. Pero, como su madre sí que tiene padre, los zánganos no tienen padre pero sí que tienen abuelo. ¡Menudo follón! Esto se debe a que gran parte de los himenópteros, como las hormigas, las avispas y muchas abejas, poseen un sistema de determinación del sexo llamado haplodiploidía. ¿Te acuerdas de que hace varios capítulos expliqué eso de que tenemos dos copias de cada cromosoma? Pues hay muchos seres en los que no es así. En este tipo de insectos, si un individuo tiene dos copias de cada cromosoma porque ha nacido de un huevo fecundado, será una hembra. Por el contrario, si no tiene padre solo tendrá una copia de cada cromosoma y será un macho.

Y puede parecer que tener solo un cromosoma de cada y reventar al tener sexo son motivos suficientes como para no querer ser un zángano, pero yo la verdad es que no estoy nada de acuerdo. Ser un zángano es un chollazo porque, como su propio nombre indica, NO HACEN NADA DE NADA. Los zánganos se tocan el papo a dos manos. Es tal lo poco que aportan a la colonia que son capaces de cargársela en una especie de «apocalipsis zángano» cuando una reina muere sin sucesora. ¿No te lo crees? Yo te lo explico. Antes os decía que la reina no gobierna, pero en parte sí que lo hace liberando feromonas que usa para mantener sus privilegios. La reina produce la feromona mandibular, una molécula que se extiende por la colmena y que hace que las obreras tengan los ovarios chuchurríos y no se puedan reproducir. Pero si se muere la reina sin que haya otra (o si la que hay está vieja y produce poca feromona), se acaba el efecto de la feromona y algunas obreras empiezan a poner huevos. Como estos no están fecundados, solo nacerán machos, que, como buenos zánganos que son, no trabajan ni el huevo. Son unos pedazo de ninis que solo zampan y zampan polen y miel y al no haber reina, ya no nacen más obreras y la colmena se va llenando de gorrones hasta que ese sistema económico colapsa y la colmena se va al pedo. *Spoiler* muy triste: todas mueren.

Conclusión: si te reencarnas en abeja, sé zángano: tu vida consiste en comer, eres tan vago que puedes acabar con un sistema económico y mueres fornicando. Qué maravilla.

MEJOR TENER HERMANAS QUE HIJAS

Llevo ya dos capítulos dándote la turra con insectos sociales y tienes que estar hasta el moño de ellos. Bueno, de ellas, que son casi todas muchachas. Y eso que no he abierto el melonazo de hablar de las termitas, que siempre nos olvidamos de ellas y nos perdemos maravillas como que están tremendamente emparentadas con las cucarachas. De hecho, podríamos decir que las termitas son algo así como cucarachas 2.0 que han dado un paso más en la evolución del asquerosismo para convertirse en auténticos seres eusociales. En muchas especies de cuquis, incluyendo las que infestan nuestras ciudades, como las *Blattella germanica* o la repugnante *Periplaneta americana*, ya se ve un amago de cooperación con comportamientos como la trofalaxis, un palabrejo que significa que se regurgitan comida unas a las otras. Vamos, que se vomitan en la boca para compartir comida. Algo que también hacen las hormigas y que llevan tan al extremo que tienen dos estómagos: uno para alimentarse ellas y otro para alimentar a vomitonas a sus hermanas adultas y a sus hermanitas larvas. Tampoco te escandalices tanto, que las abejas dominan tanto el acto de vomitar comida que en esencia la miel es pota de abeja. Mmm, qué rica...

Pero volvamos al sexo. Bueno, a la reproducción, porque ya hemos visto que en los insectos eusociales no siempre hay sexo. Igual que en el caso de los machos de abeja, los pobres príncipes hormiga, esos que tras chuscar mueren devorados por cualquier animalejo de la zona, también nacen de huevos sin fecundar, así que Trancas y Barrancas no tienen padre. Pero lo más loco de estos insectos es lo siguiente: siendo el dejar descendencia el mayor motor de la evolución y que lleva a los organismos a locuras extremas que hasta comprometen su supervivencia, como pelearse, tener colores chillones, parir bebés gordos como truños por chichis muy pequeños o dar alaridos para llamar a posibles parejas que podrían atraer a cualquier depredador, ¿cómo puede ser que aparezcan especies en las que la inmensa mayoría de los individuos son estériles? ¿Por qué narices la evolución permite la atrocidad biológica de que las abejas y las hormigas obreras sean más estériles que una barra de pan? Cómo diría la gran filósofa Belén Esteban: «Pero ¿qué la pasa?». Lo que la pasa, querida Belén, es que estamos ante un claro caso de selección por parentesco.

La selección de parentesco sugiere que los organismos pueden aumentar su éxito evolutivo no solo reproduciéndose ellos mismos, sino también ayudando a sus parientes cercanos a hacerlo, ya que comparten una gran cantidad de genes. Por ejemplo, como expliqué anteriormente, si tú cuidas a tu sobrino también estás favoreciendo que tus genes sigan en este mundo porque tu sobrino y tú compartís un buen porcentaje de ADN. En los insectos sociales, como las abejas o las hormigas, las obreras cuidan de sus hermanas, así que posibilitan que sus genes se propaguen y habiten en una nueva generación de hormigas o de abejas. Pero ¿y si te dijera que cuidar de sus hermanas les compensa incluso más que criar a su propia descendencia?

Esto se debe a que las hormigas comparten mayor porcentaje de ADN con sus hermanas que con sus hipotéticas crías. Me explico. Normalmente, una madre y su cría comparten la mitad del ADN, un 50 por ciento. Eso nos pasa a nosotros, por ejemplo, porque tenemos la mitad del ADN de papá y la mitad de mamá. Dos hermanas humanas tienen también en común aproximadamente un 50 por ciento del ADN. Pero en el caso de dos hermanas hormigas se trata de un 75 por ciento. Esto se debe a que su padre es un ser genéticamente un poco pocho.

Recuerda que he explicado antes que tanto los zánganos de las abejas como los príncipes de las hormigas no tienen padre. Ellos nacen de huevos no fecundados, por lo que tienen una sola copia de cada cromosoma. Eso hace que sus espermatozoides sean todos iguales. No los producen por meiosis, como hacemos tú y yo, lector masculino, y sus genes no hacen cóctel ni nada de nada. Los espermatozoides de los machos son copias exactas, poco más que fotocopias nadadoras. Eso hace que las hormigas obreras sean unas hermanas muy especiales que comparten el 50 por ciento del ADN de su madre pero el 100 por cien del de su padre. Reciben todas el mismo material genético de su padre y más o menos, por estadística, la mitad del de la madre. Así que en total comparten ese 75 por ciento del ADN. Son tres cuartas partes igualitas. ¡¡Una maravilla!! Así claro que les compensa cuidar de sus hermanas y, sobre todo, de su reina madre, que dará a luz a las siguientes generaciones de reinas, que echarán a volar, formarán nuevos hormigueros y esparcirán su ADN donde las lleve el viento. Uf, qué épico. Me voy a comer un bomboncito sin lactosa para relajarme.

En las abejas la cosa varía un poco porque, como te expliqué en el capítulo anterior, la reina no copula con un solo macho como hacen las hormigas, sino que se tira a unos cuantos. La abeja reina sí que sabe pasarlo bien, que la hormiga se calza a un solo señor hormigo en toda su vida y está treinta años usando su esperma. Que ese esperma tiene que estar ya más rancio que un programa de 13TV. Como la abeja reina tiene varias parejas y guarda esperma de todos ellos, las abejas no siempre van a ser hermanas. Muchas sí, porque en una colmena hay miles de obreras y la reina solo copula con unos pocos machos, así que en la colonia habrá subfamilias de cientos de abejas que son hermanas puras y comparten el 75 por ciento de su ADN. El resto serán medio hermanas (hermanas por parte de madre), algo que tampoco está mal porque compartirán un 25 por ciento del ADN. Al final lo comido por lo servido: es tan beneficioso a nivel evolutivo ese 75 por ciento que hay entre gran parte de las hermanas, que a las abejas obreras les compensa también ser estériles y dedicarse en cuerpo y alma (o en ala y aguijón) a cuidar de sus hermanas y hasta a dar la vida por su reina y madre para que sus genes abejiles se propaguen por el mundo.

¡Larga vida a la reina!

VII
COSITAS DE PLANTAS

LA DANZA
DE LAS FLORES

Hace unos 135 millones de años, cuando los dinosaurios llevaban ya unos 100 millones de años llenando el planeta de rugidos, mordiscos, coletazos, desmembramientos y otras actividades de educación cuestionable, surge uno de los inventos más locos y exitosos que jamás haya desarrollado un ser vivo para reproducirse: las flores.

Ay, las flores, pero qué maravilla evolutiva más infravalorada. Para la mayor parte de la gente son tan solo esas cosas bonitas que regalan a sus parejas cuando hay alguna fiesta dedicada al amor inventada por el capitalismo salvaje o para acallar sentimientos de culpabilidad, lo que enviamos cuando alguien estira la pata o la némesis de los alérgicos al polen. Los humanos tenemos una ceguera brutal hacia el mundo vegetal que nos impide ver lo increíblemente maravilloso, loco y complejo que es que un organismo se coordine con las estaciones para llenar su cuerpo de una especie de genitales de colores, sabores y olores destinados a que las plantas puedan reproducirse a distancia.

Es tal el éxito evolutivo que supuso la aparición de las flores, que las angiospermas (que es el nombrajo complicado que la biología le da a las plantas con flores) en tan solo 135 millones de años han pasado a suponer nueve de cada 10 especies de plantas terrestres y a ocupar más de la mitad de la superficie de tierra firme del planeta. Si te imaginas el árbol de la vida, una de esas figuritas que representan la evolución de los seres vivos, la aparición de las angiospermas es como si le surgiese una rama de la que salen tantísimas ramas que se forma un moñoño en el árbol que hace que este no aguante del peso y se venga abajo. Las angiospermas son al árbol de la evolución como el típico nido de cotorras gigantesco que hace que se caiga un árbol del Retiro.

A este fenómeno se le conoce como radiación evolutiva, un proceso en el que un linaje (como el de las angiospermas) empieza a crecer a lo loco y a toda caña formando una cantidad tremenda de nuevas familias, géneros y especies y a desarrollar nuevas formas anatómicas como si lo fueran a prohibir. Esto suele ocurrir cuando un grupo de especies llega a una zona nueva en la que tienen poquita competencia o, como es este caso, cuando aparece una innovación evolutiva que abre un mundo nuevo de posibilidades. Posibilidades que son casi culebrones sobre la fecundación, porque esa radiación evolutiva hace que las flores tengan tantas formas de reproducirse que da para un *Kamasutra* floral, o lo que es lo mismo, porno vegetal de calidad.

Yo creo que todo el mundo tiene más o menos claro para qué sirven las flores, pero te lo explico por si acaso: cuando una planta florece es como si le salieran en el cuerpo un montón de chichis y de pitos de colores, sabores y olores. Son órganos reproductivos que, según la especie, a veces tienen los dos sexos y otras veces solo uno. Algunas plantas producen flores masculinas y femeninas en el mismo individuo, otras solo de un sexo, y las hay incluso que conciben flores que tienen tanto partes femeninas como masculinas y que pueden autofecundarse. Asimismo, existen algunas que poseen sistemas que impiden que se autofecunden, que eso de embarazarse a sí mismas se les hace raro. Lo de las flores es loquísimo y daría para tres libros, la verdad. No me equivoco si te digo que en un ramo de boda puede haber más ciencia que en un agujero negro. Igual los físicos me matan si leen esto, pero que se flipen menos, leñe.

De todos modos, esa radiación evolutiva no solo llenó el planeta de nuevas especies de plantas con genitales preciosos, sino que trajo consigo una radiación loquísima de nuevas especies de animales. Porque la aparición de las angiospermas es también el pistoletazo de salida de la evolución de los polinizadores. Actualmente, se calcula que puede haber unas 200.000 especies de polinizadores. De ellas, la gran mayoría son insectos, pero también hay unas 1.500 especies de vertebrados polinizadores, entre las cuales se encuentran varios cientos de pájaros como colibríes y unas cuantas decenas de mamíferos, entre los que aparecen murciélagos, marsupiales, roedores y hasta primates.

Mira, ya sé que te estoy bombardeando a cifras para venderte la moto de que las flores son la caña, pero no puedo resistirme a decirte que el 85 por ciento de las especies de plantas y animales que se conocen viven en tierra firme. Eso es algo muy loco si tenemos en cuenta que aproximadamente el 70 por ciento de la superficie del planeta está cubierto de agua, que la vida surgió en el mar hace unos 3.500 millones de años y que los animales y las plantas llevamos fuera del agua poco más de 400. Que las especies de animales y plantas terrestres les hayamos comido la tostada a las acuáticas es gracias a, ¿adivinas a quién? ¡¡A las angiospermas!! ¡¡Vivan las flores!! Y es que esa nueva adaptación que permitió a las plantas explorar nuevos caminos evolutivos y nuevas estructuras anatómicas también llevó a que los polinizadores exploraran nuevos caminos y que se produjera el mayor experimento de coevolución de todos los tiempos y que condujo a la aparición de millones de nuevas especies tanto de plantas con flor como de polinizadores.

La coevolución es cuando dos especies tienen una relación tan estrecha que cada una influye en la evolución de la otra, haciendo que una desarrolle adaptaciones y la otra contradaptaciones a las que la primera se tendrá que adaptar. Te lo ejemplifico de una forma facilita y tan simplificada que espero que no horrorice a la gente más pureta de la biología evolutiva. Una especie de flor, harta ya de polinizar mediante el viento (que es algo que siguen haciendo muchas flores y que es un rollo porque tienen que producir una cantidad tremendísima de polen para asegurarse de que algún grano llegue a una flor femenina), desarrolla por primera vez el néctar, un juguito dulce y oloroso que atrae a un insecto primitivo. Este queda encantado del sabor del néctar y va a buscar otra flor, pero sin saberlo se le ha pegado un poco de polen y deja a la segunda flor embarazada. Generaciones y generaciones después, los descendientes del insecto primitivo, hartos de que se les desparrame casi todo el néctar porque su boca no es muy buena para esta tarea, desarrollan algo similar a una lengua larga. Tan larga que no tienen que meterse demasiado en la flor para chuperretear, con lo cual se rebozan mucho menos en polen. Eso de que el bicho se pringue menos de polen le va fatal a la flor, así que generaciones y generaciones después solo han sobrevivido las flores que tienen el néctar más escondido, más en las profundidades de la flor, lo que hace que el insecto tenga que meterse más y se reboce sí o sí. Eso hace que cada vez los insectos tengan la lengua más larga y que se tengan que meter menos y que las pesadas de las plantas vuelvan a tener el néctar más para dentro. Vamos, que se hace un ciclo que lleva a bichos con unas lenguas que son casi porno y a flores largas largas.

Pero este es solo un ejemplo, porque la evolución de las flores y de los polinizadores está llena de adaptaciones que son una carrera armamentística y un pilla-pilla evolutivo, que son una cosa de lo más chic. Te voy a dar algunos ejemplos muy cuquis.

Aunque al pensar en polinizadores siempre se nos vienen a la mente las abejitas y algún insecto más, unos polinizadores estupendos en muchos lugares del mundo son los murciélagos. Los murciélagos nectarívoros son los encargados de polinizar algunas plantas tan importantes como el ágave, que es la planta con la que se hace un bien de primera necesidad para los estudiantes universitarios y para la gente con mal de amores que es el tequila. No seré yo quien haga promoción del alcohol, que es una marranada absolutamente insalubre, pero si te tomas un chupitazo de tequila acuérdate de esos murciélagos tan chingones que han permitido el sexo entre flores de ágave. También son ellos quienes polinizan a especies como el baobab, que es un árbol icónico de África; la pitaya, una fruta tropical conocida también como *dragon fruit* y por la que los modernos de Malasaña están pagando hasta cuatro euros la unidad, o el durian, una fruta del sudeste asiático con un olor tremendamente asqueroso y que yo tuve la desgracia de probar en Vietnam. Sabe como huele un pajar lleno de conejos a los que hubieran rociado con litros de colonia de abuela... Los murciélagos nectarívoros han desarrollado lenguas larguísimas para poder comerse el néctar de estas flores. Pero esas flores también han coevolucionado para recibir a estos visitantes alados y nocturnos: suelen emitir su aroma durante la noche para que sean ellos quienes las encuentren; son grandes y están separadas de la maraña de ramas y de hojas para que los murciélagos que apenas ven y que se guían por radar las descubran sin escamocharse contra el resto de la planta; y suelen ser de colores blancos o claritos para que los que ven más o menos bien las localicen fácilmente en la oscuridad.

Pero los reyes de la polinización ya sabemos que son los insectos, que para eso hemos tenido antes un bloque lleno de abejitas. Aunque antes de hablar de mis amiguitas con aguijón, tengo que mencionarte a otros insectos y sus historias de coevolución.

Una de esas historias es la de la orquídea *Angraecum sesquipedale*, una flor de Madagascar que tiene el néctar a treinta centímetros de profundidad. Cuando le mandaron un espécimen a Darwin se quedó patitieso y dijo que a ver qué insecto era el guapo que podía llegar hasta ahí. Y Wallace (que si no sabes quién es por culpa de este mundo cruel que nos ha hecho llegar el relato de que Darwin es el único padre de la selección natural) predijo que tenía que haber en Madagascar una polilla bien gorda y con una lengua más larga que un cipote de los que asustan. Y, efectivamente, pocos años después se encontró una polilla en la zona con una espiritrompa de treinta centímetros: la polilla esfinge de Wallace. Así, la flor, que es muy perraca, se asegura de tener un polinizador dedicado a ella y, a cambio, la polilla no tiene competencia que le quite el néctar de la orquídea.

En el caso de las flores, hay un montonazo de adaptaciones debidas a esa coevolución con los polinizadores: algunas funcionan como trampas pegajosas para que los insectos tengan que retorcerse para salir y se llenen de polen, otras poseen depósitos de polen con forma de catapulta que se activan al posarse el bichejo, y hasta las hay que se cierran varias horas con el animalito dentro para que salga tan empanado en polen que parezca una croqueta. De hecho, toda esa admiración que tenemos por el olor de las flores es únicamente una trampa de las plantas para atraer a los animalitos. Es más, incluso hay especies que se dedican a «poner perronas» a las abejas. Las orquídeas del género *Ophrys* se aplican a la polinización mediante el engaño sexual. Su forma y sus colores imitan a las hembras de algunas especies de abejas solitarias (abejas que no viven en colonias y en las que hay machos y hembras con sus vidas libres) para que los machos se forniquen a la flor, se llenen de polen y se vayan a restregarse con la siguiente flor para dejárselo. Estas orquídeas incluso emiten una imitación de las feromonas de las abejas para refinar el engaño; podríamos considerarlas un consolador para señores abeja faltos de amor.

Por lo que respecta a los insectos, también tienen adaptaciones chulísimas para polinizar. Las esfinges son capaces de volar suspendidas en el aire como un colibrí para libar y libar a toda velocidad sin necesidad de posarse. Las abejas tienen pelos ramificados como cepillos para que el polen se quede pegado y poseen una especie de cestas para polen en las patas traseras para llevarlo como alimento al panal y también para facilitar la polinización de las flores a las que visitan, que cuanto más se reproduzcan sus flores favoritas mejor para ellas. Incluso hay plantas que son polinizadas gracias al zumbido, un fenómeno llamado polinización vibratoria y en el que el polen solo sale de las anteras (los depósitos de polen) cuando vibran a una frecuencia concreta. Una frecuencia que es producida (oh, la casualidad) por un zumbido especial que hacen algunas especies de abejas y abejorros.

Pero algunas de las adaptaciones más locas producidas por la coevolución de polinizadores y flores están en la visión. Las abejas son capaces de procesar las imágenes que ven a una velocidad de infarto. Mientras que el ojo humano capta entre 60-80 fotogramas por segundo, una abeja llega a los 300, así que si una abeja fuera al cine vería fotograma a fotograma en vez de ver la película. Esto les permite volar a unos 20 km/h, que es ir a toda leche para un animalico tan chico, y poder fijarse en las florecillas que hay a su alrededor. Y de paso también les sirve para esquivar los manotazos, que por eso es tan difícil darle a una abeja. Y mejor, que las pobres lo están pasando muy malamente durante los últimos años y están en declive. Que como nos quedemos sin abejas, nos quedamos no solo sin miel sino también sin almendras, cerezas o melones, que son los frutos de algunas de las plantas más dependientes de las abejas para la polinización.

Pero ver a toda pastilla no es la única adaptación destinada a que los polinizadores encuentren flores más rápido que lo que yo encuentro pasteles. ¿Sabes por qué la mayoría de las flores son de colores y no son verdes como el resto de la planta? Pues para que los polinizadores las distingan enseguida. Pero las flores ocultan más belleza y maravillas que nosotros no podemos ver, pero que otros seres sí.

Todos los colores que vemos los humanos están en lo que llamamos «el rango del visible». Vamos, la luz que es visible para los humanos, que somos muy homosapiencentristas. Pero si las abejas estudiaran física, su concepto del espectro del visible sería distinto, porque hay animales capaces de ver otros tipos de luz.

La luz con más energía que llegamos a ver nosotros y nosotras es la del color violeta. Por eso a la que tiene más energía la llamamos ultravioleta. Esa viene en los rayos del Sol y no la vemos, pero nos hace pupita en la piel si no nos protegemos, así que a ponerse crema. Pero muchos insectos, como las abejas, sí que pueden distinguirla. Y las flores se han aprovechado de ello a lo largo de estos millones de años de coevolución y han desarrollado dibujos y marcas solo visibles en el ultravioleta. Flores que nosotros vemos rojas, lilas o blancas enteras, suelen tener lunares, flechas o círculos que nuestros ojos solo pueden apreciar con cámaras especiales capaces de captar la luz ultravioleta. Esas marcas señalan el camino hacia el néctar y algunas hasta tienen formas que recuerdan a una pista de aterrizaje abejil o a un helipuerto.

O sea, que las flores son bonitas, huelen bien, tienen dulcecito y están llenas de señales secretas para decirles a los bichos: «Ven, mira qué rica y cómo huelo, dame un bocadito y restriégate, ñam ñam», y que se lleven el polen a la flor de al lado. Es un poco como cierta leyenda urbana sobre un programa de televisión, Ricky Martin, un perro y un bote de mermelada. Los y las más jóvenes no sabéis de lo que hablo y me alegro mucho por ello. La coevolución más imponente de la historia de la vida en la Tierra se merece algo más que una analogía con *¡Sorpresa, sorpresa!*

PICA AL ENTRAR Y PICA AL SALIR

Hablar de la reproducción de las plantas es complicadísimo. Son seres rarísimos y mucho más complejos que nosotros y, a pesar de ello, la mitad de los lectores se van a saltar los capítulos dedicados a estas maravillas de la evolución. Si las plantas te parecen un rollo y eres de los que se piensa que un palurdo *Homo sapiens* está más evolucionado que ellas, te diré que ellas no trabajan y se pasan el día tomando el sol. ¿Quién está poco evolucionado ahora?

Total, que me he bloqueado pensando a ver qué podía contar sobre el sexo de las plantas sin volverme loco y sin que tú, querido lector, te pierdas entre innumerables procesos extrañísimos de la biología vegetal. Pero cuando ya estaba desesperado sin saber de qué hablar, mi gordo interior ha despertado y me ha obligado a ir a cenar tacos mejicanos, que son una cosa que me encanta. Pero me he pasado con el picante, me he puesto a lloriquear y a moquear y he tenido una revelación: voy a hablarte del picante. Porque te puedo asegurar que el picante está absolutamente relacionado con una historia reproductiva que te va a dejar loco de atar.

A ver, ¿tú qué crees que es la sensación de picante cuando nos comemos una guindilla? Lo lógico es pensar que se trata un sabor, pero no es así. El sentido del gusto no es el que nota el picante. De hecho, te voy a decir una cosa: piensa que las guindillas y los jalapeños pican al entrar, pero también pican al salir... Vas al baño y alucinas. Pero el ano no tiene receptores del gusto, porque si los tuviera, ¡¡saborearíamos nuestros truños!! Puaj, ascazo.

No percibimos el picante a través del gusto, sino que lo que se activan son los receptores que tenemos en la boca para sentir la temperatura, sentimos calor. Es más, sentimos mucho calor de golpe. Muchísimo. Por eso cuando algo pica mucho, sudamos, porque a nuestro cerebro le ha llegado la información de que se han activado de pronto millones de receptores del calor. Por eso mismo también nos ponemos rojos con el picante. Cuando notamos calor nos ruborizamos porque nuestro cerebro da la orden de mandar sangre a los pequeños capilares de nuestra piel para que se vaya el calor a través de esta y que la sangre se refresque un poco con la temperatura exterior. Es como que la sangre se asoma al balcón para ponerse fresquita. Con el picante, nuestro cuerpo interpreta que tenemos mucho calor. Tanto, tantísimo calor, que se vuelve dolor.

Pero ¿por qué pican las guindillas y los chiles? Porque tienen una molécula que se llama capsaicina que se une a esos receptores de la temperatura que tenemos tanto en la boca como en el ojete. Cuanta más capsaicina tienen, más pican. Los pimientos rojos y verdes tienen poquita, las guindillas tienen más y los chiles habaneros ya tienen un porrón. Pero la cantidad de capsaicina no depende solo de la especie, mira lo que pasa con los pimientos de Padrón, que unos pican y otro no. También depende de cuánto le haya dado el sol a ese pimiento en concreto, cuánta agua y nutrientes le hayan llegado, si le ha atacado algún parásito, etc. Total, que cuando nos zampamos un chile, la capsaicina se pega a los receptores de la temperatura de nuestra boca y los activa. El problema es que es una molécula que no se disuelve en el agua. Por eso cuando nos pica y bebemos agua no nos hace nada de nada. Peor aún, la extendemos por toda la boca y hacemos que llegue incluso a la garganta, provocando la clásica tos por picante que ha hecho que a más de uno se le vayan las carnitas o el taco por donde no debe y se ha atragantado.

Entonces, ¿qué podemos hacer cuando nos pica horrores? La capsaicina no se disuelve en agua, pero sí que lo hace en grasa, así que puedes comer pan con mantequilla o aceite o beber un poco de leche. La verdad es que dudo que alguien sea tan asqueroso de maridar los tacos o las banderillas con un Cola-Cao, aunque yo de pequeño les ponía kétchup a los plátanos y los untaba en leche. ¿Lo más fácil para que deje de picar? Come, come y come. A ver, no te comas lo que te acaba de dar picores, pero si tienes más tacos o quesadillas a mano, pues para dentro. Como tienen bastante grasita te irán despegando la capsaicina.

Vale, pillamos el concepto de que los chiles y las guindillas pican porque tienen una molécula. ¿Pero por qué narices pican tanto? ¿Y por qué la evolución les ha dotado de semejante arma? Lo lógico sería pensar que la capsaicina es un método de defensa para que no se los coman los animales. Una disuasión para cualquier animalito que no quiera tener fuego en su boca y en su culo durante un buen rato.

¿Será eso? Pues sí y no. La capsaicina es una adaptación de las plantas del género *Capsicum* para que no nos los comamos nosotros, los mamíferos, pero que sí lo hagan otros animales. Hay muchísimas plantas que necesitan que los animales nos comamos sus frutos para que esparzamos sus semillas por ahí con nuestra caca. Que, de hecho, no solo les hacemos de transporte, sino que encima dejamos a sus hijos por ahí con un buen trozo de abono.

Se llama zoocoria a la dispersión de semillas mediante animales. A veces sucede fuera del cuerpo, como hace una planta tan pesada cuando vamos de excursión como el amor de hortelano (*Galium aparine*), que está entera llena de ganchitos para pegarse al pelaje de los animales (y de paso a los forros polares) cual velcro. Cuando las semillas se dispersan adhiriéndose al exterior del animalito, hablamos de ectozoocoria. Pero cuando el bicho tiene que comerse las semillas y luego cagarlas se la conoce como endozoocoria, porque pasan por dentro del animal.

Y aquí quería yo llegar, a cómo las plantas nos esclavizan a los animales para que hagamos de jardineros mediante nuestros truños. Este sistema de dispersión de semillas es importantísimo en los ecosistemas de todo el mundo y hay miles y miles de ejemplos. Los elefantes africanos son auténticos arquitectos de su ecosistema porque comen tantísimos frutos y caminan tantos kilómetros que son capaces de llevar semillas como las de la palma de aceite africana (*Elaeis guineensis*) a más de 10 km del origen, creando nuevos bosques a los que podríamos llamar sin tapujos bosques de mierda. En el Amazonas, el pirarucú (*Arapaima gigas*) y otras especies de peces frugívoros comen frutos como los de la palma de moriche (*Mauritia flexuosa*) y van plantando con sus caquitas los bancos de arena y las orillas de los ríos. Y aquí en España también tenemos casos de endozoocoria en algunos de los animalejos más carismáticos. Los zorros, que aunque parezcan carnívoros son unos adictos a los frutos del bosque, dispersan semillas de madroño y zarzamora; los corzos plantan con su caca el serbal de los cazadores

(*Sorbus aucuparia*) y los mirlos plantan semillas de arbustos mediterráneos como el lentisco (*Pistacia lentiscus*).

No todas las plantas propagan sus semillas atravesando el tracto digestivo de un animal. Algunas se dispersan por el viento (anemocoria), como las semillas de los dientes de león que todos hemos esparcido al soplar su paracaídas de pelitos blancos llamado vilano. Otras flotan y navegan por el agua (hidrocoria), como los cocos, capaces de viajar a nuevos horizontes surcando las olas. Otras, como las castañas, simplemente son muy gordas y pesadas para caer al lado de su mami gracias a la gravedad (barocoria). Y otras hacen cosas tan locas como explotar, como los pepinillos del diablo (*Ecballium elaterium*), que pegan un petardazo que lanza sus semillas hasta a 10 metros.

Pero este capítulo sobre tacos picosos y ojetes recalentados por las enchiladas es una excusa para hablar de endozoocoria y cacas jardineras llenas de semillas. Este fenómeno es tan importante que se cree que es la causa de que veamos en color. Los primates somos los únicos mamíferos placentarios con visión tricromática, es decir, que vemos el verde, el rojo y el azul, creando los otros colores combinando estos tres. El resto de los mamíferos placentarios ve menos colores o ninguno. Y la visión tricolor permite distinguir frutas a largas distancias que difícilmente se pueden apreciar si solo se ven uno o dos colores. De hecho, existe una teoría bastante bien fundamentada que dice que los primates percibimos tan bien los colores para encontrar fruta y para poder diferenciar cuando está madura de cuando está pocha. Y la fruta tiene esos colores tan llamativos para que nos la comamos y caguemos por ahí sus semillas. Una cereza o una fresa bien roja nos está diciendo (imagina voz sexi): «Mira qué rica estoy, soy jugosita y dulce, cómeme».

Yo siempre digo que cada vez que nos preocupamos de si combinamos los colores de la ropa o miramos si el semáforo está en verde o rojo, realmente estamos siendo víctimas de una conspiración de las plantas para que nuestros truños hagan de taxis de sus bebés.

Vale, las plantas quieren que nos comamos sus frutos para que esparzamos sus semillas en nuestras heces. ¿Pero qué les pasa a los chiles? ¿Por qué no quieren que nos los comamos? Seguro que al cortar un pimiento o comer una guindilla has visto cómo son sus semillas: son muy planas y frágiles. Si las masticas se rompen enseguida. Pruébalo en casa. Estas plantas no quieren que te las comas tú, que eres un mamífero con muelas que le va a fastidiar a sus hijitos semillas. Lo que quieren los chiles, las guindillas y los pimientos es que se los coman los pájaros, que engullen sin masticar y no se cargan las semillas y que (redoble de tambores y tatatatatachán) ¡¡¡no sienten el picante de la capsaicina!!!! En los mamíferos, la capsaicina nos hace ver las estrellas porque es capaz de activar unos receptores del calor conocidos como TRPV1. Las aves también los tienen, pero gracias a un cambio en un solo aminoácido del receptor, estos son mucho menos sensibles al poder de este componente. Es más, tienen un umbral para aguantar el picante entre 1.000 y 10.000 veces superior al de un ser humano. ¡Flipa! Tú le puedes dar el peor de los chiles a una paloma y le va a dar completamente igual. Los pimientos picantes han evolucionado para evitar a los mamíferos y sus muelas y que solo se los coman las aves, que ni mastican ni les pican. Encima, como vuelan, cagan las semillas bien lejos de su mami.

Eso sí, los chiles en la naturaleza no pican tantísimo. El problema es que los humanos nos hemos aficionado al picante y hemos ido creando variedades cada vez más infernales cruzando y seleccionando individuos. Por eso, por si las moscas, mejor no le des chiles habaneros a tu periquito, que igual sí que le pica al salir. Y recuerda que las aves lo hacen todo (pis, caca y tener sexo) por el mismo agujero y si le das habaneros al perico, igual luego le pica el chirri.

Conclusión: tú, mamífero placentario, disfruta del *calorsito* del chile, tú que puedes y que no eres un triste pájaro engullepimientos y cagasemillas.

VIII
HUMANOS MARRANOS ANALIZANDO LA REPRODUCCIÓN DE ESOS MONOS ALOPÉCICOS CONOCIDOS COMO *HOMO SAPIENS*

El hombre es la única criatura
que se niega a ser lo que es.
ALBERT CAMUS

Totalmente de acuerdo con Albert Camus, que es un señor muy socorrido cuando quieres encontrar una cita solemne que te haga parecer superlisto y que lees un montón. Yo no leo tanto porque no me da la vida de *millennial* con *fomo*, de modo que le he preguntado a cierta inteligencia artificial de ética cuestionable por citas célebres que hablasen de cómo los humanos somos unos intensos que nos creemos más que el resto de los animales pero que nos regimos por las mismas fuerzas evolutivas y leyes de la naturaleza. Casi todas las citas que me ha dado eran absolutamente falsas, así que comprobad siempre lo que dice esa ente deidad cibernética. Pero esta era real, y lo que significa es que da igual las ínfulas que tengamos los *Homo sapiens*, seguimos siendo unos monetes boyantes de hormonas y ganas de dejar descendencia en este mundo que estamos destruyendo. Entonces, en este bloque vamos a descubrir algunos de los secretos de cómo perpetuar nuestra especie que ha moldeado, y sigue moldeando, nuestro mundo y nuestra evolución.

BEBÉS POCO HORNEADOS

Yo no quiero tener hijos. A ver, antes de que me acuses de niñofobia y me canceles imaginando que soy uno de esos amargados odianiños que les grita a los chavales para que no jueguen a la pelota mientras se echa la siesta o que soy de los que maldice a los bebés que lloran en los aviones (cosa que yo también haría cuando veo que un café y una simpática napolitana más pequeña que mi meñique valen 12 pavos en los autobuses con alas de cierta compañía aérea irlandesa aficionada a vender lotería a bordo), te diré que los niños y niñas me caen bastante bien.

No voy a decir que me gusten los niños. Primero, porque la frase «me gustan los niños» me ha resultado tremendamente perturbadora cada vez que la he escuchado y me hace imaginarme a un señor raro que huele a colonia Nenuco y que te invita a su casita de caramelo. Y en segundo lugar, porque, como he sido el más pequeño de mi familia y mis amigos son casi todos maricones y mujeres con el síndrome de Peter Pan y trazas de mocatriz, he interactuado muy poco con niños a lo largo de mi vida. Pero reconozco que lo poco que he tratado con ellos me ha hecho bastante gracia y me parecen unos pequeños primates muy graciosos y con un espíritu crítico y una aptitud para la ciencia *amateur* bastante guais.

Ahora bien, no quiero tenerlos en casa. Yo antes me pude llegar a plantear tener descendencia, pero eso fue previo a que algunos de mis amigos y amigas empezaran a reproducirse y fuera como si se los tragara la tierra. Ahora son seres encerrados en su casa y esclavos de criaturas que solo comen, cagan y vomitan. Vale que eso dura solo unos meses y que luego espabilan un poco, pero entonces llega lo de tener que tragarse *Frozen 2* tres veces al día o entrar en el mundo de las canciones taladracerebros para niños. No imagino peor tortura para un alma que ha acabado en el infierno que escuchar en bucle los «Cantajuegos» y el «Baby Shark». Y esa es la vida cuando eres padre. ¿Pensando ya en la vasectomía? ¿Reservando para la ligadura de trompas?

Es que los bebés humanos están mal hechos. Que son monísimos y adorables, pero es que si encima no lo fueran los destruirías. Comen, lloran, cagan…, ¡ni siquiera se les sostiene sola la cabeza! Y eso nos lleva a una de las grandes preguntas de la humanidad: ¿por qué los bebés humanos son tan inútiles pero las cabritas nacen ya corriendo y saltando? Es como si a los bebés les faltara un golpe de horno. Dan ganas de devolverlo y pedir que lo traigan un poco más hecho. Pues este enigma neonatal tiene respuesta, y la podemos encontrar en el parto.

En los chimpancés, que son nuestros parientes más cercanos y los organismos más parecidos a nosotros, el parto es uno de los más duros y largos de la naturaleza: dura unas dos horas. ¡¡Dos horas!! Eso es casi de risa para una parturienta humana, ya que el parto humano dura un promedio de nueve horas y es mucho más difícil y doloroso que el de una chimpancé. ¿Y quién tiene la culpa?

Nuestro enorme cabezón. La evolución nos ha llevado por la senda de ser unos monetes bastante listos y capaces de maravillas como dominar el átomo o rimar en asonante, pero eso tiene una contrapartida, y es que para tener un cerebro tan potente hay que cargar con una cabeza que no cabe por una pelvis, que eso para parirlo es como sacar un ariete por el toto.

Además, por culpa de este melonazo destrozamadres que tenemos por cabeza, los seres humanos padecemos de algo llamado gestación truncada. Es decir, que nacemos antes de tiempo. Por ejemplo, las crías de chimpancé nacen con un nivel de desarrollo bastante mayor que el de un bebé humano. Llegan a este mundo siendo mucho más apañados que nosotros y ya pueden hacer cosas como agarrarse a su madre o sujetar su propia cabeza. Para que te hagas una idea de la diferencia, para que un ser humano naciese con un nivel de autonomía similar al de un chimpancé, el embarazo tendría que durar unos veintiún meses y el chiquillo recién nacido tendría la pinta de un niño de un año. Creo que no hace falta un título en ginecología para saber que un mozo de semejante envergadura no cabe por una pelvis.

Y alguien pensará: «Pues igual que hemos evolucionado para volveremos unos cabezones listísimos, podría haber hecho la selección natural que la pelvis fuera más ancha y que las mujeres caminaran patiabiertas como si fueran un *cowboy* con hemorroides». No es tan fácil, porque una pelvis estrecha es estupenda para caminar bípedos y que la marcha sobre dos patas sea eficiente a nivel energético.

Es decir, que durante la evolución humana ha habido dos fuerzas que han tirado en sentidos opuestos: por un lado, que la pelvis sea estrecha es estupendo para caminar erguidos, mientras que, por otro lado, un cerebro grande es estupendo para ser seres inteligentes, inventar muchas cosas y vivir en una sociedad tecnológica. Pero esa cabeza tan lista y grande no cabe. No, ese melón no cabe por la chirla.

A esta contradicción entre fuerzas evolutivas se la conoce como «dilema obstétrico», un concepto que podríamos resumir como que la naturaleza nos hace elegir entre una cabeza grande y un chichi pequeño. Y como elegir entre inteligencia o bipedismo es el «¿te quedas con mamá o papá?» de la evolución humana, la evolución ha dado un puñetazo en la mesa y ha dicho: «¡Pues ahora os fastidiáis! Por no elegir, os adelanto el parto y os toca cuidar de bebés pesadísimos a los que les falta todavía una vuelta y media para estar listos».

Los seres humanos somos unos monos que nacemos prematuros, por eso los bebés son tan pesados y su crianza es durísima. A este tipo de crías tan dependientes se las conoce en biología como «crías altriciales», que son aquellas que da penica verlas por lo indefensas que están. Por ejemplo, las crías de rata o los pollos de muchas aves son rosas y calvas y parece que se van a morir si las tocas. Esas también son crías altriciales y son lo contrario a las «crías precociales», como los terneros o los cabritillos, que son esas crías que al rato de nacer ya son capaces de tenerse en pie y hasta de huir de un depredador. Es como si te naciese el niño ya con una carrera, un máster y tres idiomas.

Los padres y madres ya lo sabéis, criar a un bebé es duro de narices. Así que probablemente el amor no sea más que una treta evolutiva para que nos arrejuntemos y criemos a nuestros bebés cabezones e inútiles.

AMOR A LA PRIMERA CALADA

Hablando de esa trampa llamada amor, no podemos dejar pasar este bloque dedicado a los intensitos de los *Homo sapiens* sin mencionar una terrible patología cerebral, a la que todos estamos expuestos, y que puede llegar a dañar nuestra mente hasta llevarnos a las peores locuras... ¿Y qué patología es esa? ¡¡El amor!! Ese estado de enajenación mental transitoria que nos lleva a locuras tan terroríficas como casarnos, tener churumbeles o, peor aún, ¡¡hipotecarnos!! Que eso es como casarse con el banco y encima pagarle un interés.

Vamos a hablar de la ciencia del amor. Que yo de eso sé tanto que me llaman Ricardo Amoure. Uf, lo que me gusta un chistecito malo de buena mañana.

No os dejéis engañar por todos esos globos en forma de corazoncitos, las gominolas y todas esas porquerías que os han regalado por San Valentín. No nos enamoramos con el corazón, nos enamoramos con el cerebro. Y queda bastante para el arrastre porque el amor es una droga, la peor droga de todas. Y no, no es una metáfora. El amor activa en el cerebro los mismos circuitos que las drogas. ¿En serio? ¿Somos «yonquis» del amor? Pues un poco sí... A ver, ¿tú crees en los flechazos? ¿Has vivido eso del amor a primera vista? Pues, científicamente hablando, los flechazos existen. El cerebro humano tarda en enamorarse aproximadamente 100 milisegundos. Esa típica situación que estás en un sitio y aparece una persona y haces «uy», y encima esa persona te mira también y hace «uy». Y tú te das cuenta de que ha hecho «uy» y él de que tú sabes que ha hecho «uy», y bueno, así sucesivamente. Pues, en ese momento, ya la has liado. Ese instante ya ha sido tu perdición, porque, aunque la cosa no vaya a más, ya has activado los circuitos del amor. Y esos circuitos son los mismos que se accionan cuando consumimos drogas. A ver, los que las consuman.

El amor estimula en el cerebro el área tegmental ventral y el núcleo acumbens, los llamados «circuitos de recompensa». Cada vez que realizamos una actividad necesaria para sobrevivir, como comer algo rico, asearnos o fornicar, esta zona lanza un chorrazo de dopamina, el neurotransmisor del placer. Las drogas y el amor también activan ese circuito. Y a nuestro cerebro le encanta la dopamina y se engancha enseguida. Por eso la gente quiere repetir cuando se droga o quiere volver a ver al ser amado cuando se enamora. Encima, cuantas más veces activamos ese circuito, más dopamina queremos y necesitamos. Por consiguiente, cuanto más vemos al ser amado más queremos verlo.

Pero lo que es muy fuerte es que tú la primera vez que te fumas un porrito no te enganchas. No te vas a casa pensando que quieres otra calada, pero con la persona que te ha hecho tilín sí, te has vuelto adicto a ella. El amor es una droga que nos convierte en adictos a una persona desde la primera calada. No sé si la frase es bonita o perturbadora...

Es cierto que muchos expertos consideran que esa primera calada, ese flechazo, no es tanto una forma de amor como una especie de atracción muy intensa debida a que nuestras experiencias pasadas nos permiten intuir que esa persona puede ser un compañero o compañera sexual muy apropiado. Pero si esas miraditas llevan a algo más, ya sea mirarse un ratete, coincidir varios días en el mismo autobús o incluso darte un buen filetazo, ahí sí que puedes caer en el más profundo abismo de volverte un yonqui del amor. Porque pasa como con las drogas, el alcohol o el tabaco: cuanto más te expones a estas sustancias, más te vas enganchando. De la misma forma, cuantas más veces veas a esa persona, más vas a activar estos circuitos y más te va a enganchar. Y, cuando no la ves, pues tienes el mono. Por eso la gente hace esas cosas por amor, como cruzar océanos para ver a su pareja que está de Erasmus y que probablemente ya le haya puesto unos cuernos como dos guiris beodos. Y, por cierto, consejito por aquí: si vuestra pareja vive fuera, nunca la visitéis por sorpresa si no queréis llevaros un disgusto. Llamadita y te ahorras chascos.

Una cosa que me hace mucha gracia es cómo se nota cuando alguien está enamorado. Alguien de la familia o algún amigo o amiga que empieza a hacer cosas raras y dices: «Uuyy, aquí hay tomate». Ves que se arregla más, se peina, se pone guapito o guapita, se echa colonia hasta para ir a por el pan... Esto tiene su explicación científica. Como ya he contado, esos circuitos que activan tanto el amor como las drogas producen dopamina, que es un estimulante natural. Los enamorados y enamoradas producen tanta tantísima que se ponen como una moto, se vuelven hiperactivos. Encima la dopamina está relacionada con el placer. De hecho, se la suele «mal-llamar» la hormona del placer. Por ese motivo, el *amorsito* produce ese cosquilleo y da ganas de hacer la croqueta en la cama al pensar en el ser amado y de ahí esos suspiros tan gustosos de los enamorados. Ese «aaaiiisssh» que es como un orgasmo que sale del corazón en lugar de del juju.

Por otro lado, la dopamina está relacionada con las motivaciones, de ahí que cuando te enamoras dejas de estar apoltronado en el sofá y buscas formas de hacerte el encontradizo, cambias tu forma de vestir, te vas de compras, haces más deporte... Tratas de ponerte pibón. Es un poco una manera que tiene la naturaleza de que dejes de ser un huevón tirado en el sofá y que te aparees. Te incita al folleteo. ¿Que te hace tilín el frutero? Pues tu cerebro se llena de dopamina y te motiva para que vayas a por kiwis. ¿Que te gusta una chica que trabaja en un bar que te pilla a tomar vientos de tu casa? Pues tu cerebro te hará dar un rodeo para pasar por allí. O los amores de biblioteca durante la época universitaria... ¿Quién no ha pasado de ir medio en pijama y con la roña de tres días sin ducharse a ponerse sus mejores galas y colonia después de haber tenido un *crush* en la biblioteca nocturna? Para los que rozamos los cuarenta, la biblioteca es el antiguo Tinder. Lo que antes era un *crush* de biblio ahora es un *match*. Yo en la biblioteca me enamoraba siempre porque me encantaban los chicos con pelos y barbas y ese desaliñe y dejadez de la época de exámenes, y su guarrería y descuido asociados me ponían perrón. Me encantaba cuando la gente estaba ya tan moribunda de estudiar que abrazaban la cerdez y la guarrería y parecía que se iban a tener que quitar la camiseta con espátula y los calzoncillos como el papel de las magdalenas.

Y te voy a decir una cosa muy loca sobre el enamoramiento. Durante las primeras fases del amor, cuando ya habéis compartido fluidos, merendado lengua y rebañado el danonino, el cerebro produce feniletilamina, un compuesto de la familia de las anfetaminas. ¡¡Toma ya!! Por eso al principio de un romance podéis estar toda la noche dándole al tema como conejos, dormir tres horas en una cama de 80 y al día siguiente estar lechugas como unas frescas. Eso es porque vais medio de colocón.

Ahora, la gran pregunta: ¿el amor es ciego? Pues, en cierto modo, sí. Cuando nos enamoramos baja la actividad de una zona del cerebro, de la corteza prefrontal, que es la encargada de realizar juicios críticos, de analizar los defectos y juzgar lo que los otros hacen mal. Por ese motivo todos tenemos amigas y amigos que están con orcos de Moria, chocotrolls, brujas pirujas, gremlins y otros seres mitológicos. Esta gente que tiene parejas malvadas y que no se entiende qué ven en ellas. Pues es patológico, la droga del amor es tan poderosa que impide a nuestro cerebro ver los defectos del ser amado. ¿Y por qué el enamoramiento provoca eso? Porque la naturaleza quiere que te reproduzcas. Tu bienestar le da lo mismo. Pensad que hay que ser muy iluso para creer que realmente vas a encontrar a la persona que esté hecha para ti al 100 por cien. Alguien que te atraiga físicamente, que te guste su personalidad, que seáis sexualmente compatibles, que cuando se desnude no te dé cosica, que no le huelan los pies, que no haga ruidos raros al dormir, que no sea un loco que te llena la casa de gatos. Y encima ahora tenemos donde elegir, pero antes, como mucho, te ibas con alguien de la tribu de al lado. Total, que esto de quitarnos el sentido crítico es una forma de que nos quedemos con el primero que nos haga tilín y nos unte el papo y que así perpetuemos la especie.

Menudo plan... Ahora que te he destrozado el romanticismo, ¿crees eso de que el amor dura para siempre? Pues no. ¡Y menos mal! ¿Te imaginas pasarte toda tu vida tan enajenado? Todas estas cosas, esa sobreestimulación, motivación y ceguera solo se dan durante las primeras fases del amor, durante el enamoramiento. En realidad, el amor y el enamoramiento no son lo mismo. El enamoramiento es un fenómeno fisiológico que apenas dura unos meses. Esto es algo que a la gente le ralla mucho y que es el calvario de miles de parejas. Lo típico de «es que ya no es lo mismo», «no siento lo de antes»... A ver, es que sentir eso durante más tiempo es inviable. El enamoramiento dura unos meses porque supone un gasto terrible para el organismo. Biológicamente hablando, ninguna pareja está enamorada para siempre. Pero no os desaniméis, que luego vienen el apego y la complicidad. Fases del amor más complejas, más tranquilas y disfrutables, donde ya estás menos ciego y donde puedes mandar a soplar vientos a parejas tóxicas, gente que no se lave desde que le bañó la comadrona y otros seres del inframundo que parecen sacados de un bestiario medieval en vez de una *app* de ligoteo.

Después del enamoramiento viene una fase de apego y complicidad dominada por la oxitocina, la hormona pegamento. Es la que se encarga de crear los lazos más poderosos que hay, ya que es la misma hormona que crea el vínculo entre madres y padres con sus bebés e incluso la que une a los humanos y los perros. Que ya no estéis haciendo ruido con el cabecero de la cama hasta las tres de la mañana o que no te pongas nervioso cuando vas a ver a tu pareja no significa que ya no lo quieras, sino que el vínculo ahora es más tranquilo, pero mucho más sólido.

Pero, sobre todo, quiero que recuerdes que el enamoramiento y el amor no son lo mismo. El amor es un constructo moldeado por nuestra sociedad y nuestro momento histórico. El amor del siglo XXI poco tiene que ver con el del siglo XIX y poco tendrá que ver con el que haya dentro de 200 años. El enamoramiento es un estado fisiológico, pero el amor es una elección.

Y, como buena elección, puedes decirle que no cuando deje de ser algo que no te satisfaga y te haga sentir más tristeza que alegría o más dolor que placer. Que viva la soltería y que mueran las relaciones de mierda.

LA PARADOJA
DEL AMANTE BORRACHO

omo ya has podido comprobar desde que abriste este libro y comenzaste a arrepentirte por haber pagado por él o apiadarte por quién dejó parte de su patrimonio para regalártelo, me gusta mucho explicar ciencia a través de las *mierdicosis* y las miserias humanas. Por eso he pensado, ¿se puede aprender biología gracias a un polvo de borrachera? Ya sabes, esos que en el momento parecen un impulso animal desenfrenado entre dos personas que no pueden evitar amarse durante una pequeña fracción de su vida, pero que acaba en cosas que están demasiado blandas para entrar en otras, actos que no terminan y en frases como: «¿Has acabado ya?», «¿y si acabamos con las manos?» o «¿¡estás roncando!?».

Y es que el alcohol tiene un efecto muy paradójico, porque cuanto más bebes más ganas tienes de hacer lo que viene siendo el coito, pero también tienes menos capacidad de llevarlo a cabo. A eso le llamo yo «la paradoja del amante borracho», y me llevó a hacer un gran juramento vital cuando tenía treinta y cuatro años y estaba en medio de una etapa de ser un poco fresco tras una ruptura de una relación muy larga. Ese juramento fue el de jamás volver a irme a casa de nadie cuando estuviera un poco bolinga. Que luego hay que hacer el paseo de la vergüenza hasta tu casa a la mañana siguiente con pelos de loco y un jeto y un olor que cantan a los cuatro vientos que no estás en la misma franja horaria que los transeúntes que se cruzan contigo mientras dan su paseo mañanero embutidos en ropa ajustada y chillona del Decathlon. O peor todavía, llevarte a alguien a tu casa para no poder hacer nada de nada y esperar a que se vaya. Que hay algunos que se ponen a gandulear y dan ganas de llamar al programa de Ana Rosa para que rellene su cuota diaria de historias de okupas. No, el polvo de borrachos es algo a evitar claramente, y te voy a explicar por qué.

Igual has oído alguna vez eso de que el alcohol es una droga depresora del sistema nervioso. Con depresora nos referimos a que lo va apagando, baja su actividad, incluida la de los circuitos que activan las erecciones. Y en el caso de que sí que funcionen y haya caliqueño, los que se apagan muy rápido son los circuitos de los orgasmos. Por eso los casquetes de borrachos son eternos y terminan en dos seres rendidos, empapados en sudor (de agotamiento, que no de placer) y un poco frustrados.

Entonces, ¿por qué cuando bebemos alcohol tenemos más ganas de sexo? Solo hay que poner de ejemplo cuando estás en una discoteca a las seis de la mañana, que ya van a cerrar, y ves cómo la gente se pone a ligar sin dignidad y sin criterio alguno. Que a esas horas me entran hasta a mí y eso parece la hora del coche escoba. Ya la gente se dedica a entrar compulsivamente y sin filtro. En una discoteca, las seis de la mañana es «la hora Légolas», porque comienza la caza de orcos.

Eso es porque bien dentro de nuestro cerebro tenemos el sistema límbico, una serie de circuitos y conexiones bastante primitivos y que controla las emociones, las motivaciones, las relaciones humanas y, por supuesto, las ganas de fornicar. Y está muy loco, y para él todo es muy urgente, es como el cerebro de un perrete: si quiere mear, mea; si tiene hambre; se come lo que pille; y si quiere fornicar, se lanza al primer orificio que encuentre.

Como está tan loco, parte de nuestro cerebro se dedica a estar continuamente inhibiendo y domándolo para que, entre otras cosas, podamos vivir en sociedad. Que mearle las plantas al vecino o escupir por la ventana a los calvos son cosas que están muy graciosas para los niños, pero no para los adultos... La cuestión es que el alcohol, como baja la actividad del sistema nervioso, hace que baje también la de esas partes del cerebro que controlan al sistema límbico. Así que, cuanto más bebemos, más se descontrola el límbico, las emociones se escapan y se magnifican (por eso la gente se vuelve nuestra mejor amiga) y también queremos *amorsito* y fornicación. Pero, como ya te he dicho, los circuitos de las erecciones y de los orgasmos están *escachuflaos*. Es un quiero y no puedo, un querer mear y no echar ni gota, un votar a UPyD.

Ay, el amor etílico: excitante a la par que frustrante.

No bebas, anda. Que además de todo lo que te he contado, el alcohol aumenta muchísimo las probabilidades de tener sexo sin protección. A mayor dosis de alcohol, más posibilidades tenemos de pasar del preservativo con el consiguiente riesgo de pillar una ITS o de engendrar un churumbel.

Te lo digo en serio, ¡no bebas!

¿POR QUÉ NOS CUELGAN LOS HUEVOS?

Ya que estamos bajando al fango y, por qué no decirlo, hasta al pilón, vamos a formular esta pregunta universal que todos nos hemos hecho. ¿Por qué narices tenemos que llevar los testículos colgando? ¿Qué hacen fuera del cuerpo? Que sí, todo el mundo sabe que los espermatozoides tienen que estar fresquitos y que por eso no hay que llevar pantalones ajustados, pero ¿por qué no hemos evolucionado para que no necesiten fresquito y puedan estar dentro del cuerpo en vez de colgando e indefensos? ¿Qué va a ser lo próximo, llevarlos en un táper? La de veces que nuestros pobres antepasados debieron enredarse el escroto entre unas ramas o pincharse con unas zarzas. Uf, duele solo de pensarlo...

Vale, para responder a esta pregunta milenaria hay que reflexionar sobre dos cuestiones. La primera es por qué los espermatozoides son tan tiquismiquis y tienen que estar más fresquitos que el resto del cuerpo. El proceso para formar los espermatozoides se llama espermatogénesis, tiene lugar obviamente en los testículos y pasa una cosa muy muy especial y es que hacemos una especie de cóctel de papá y mamá. Algo que ya te sonará porque lo tratamos al hablar sobre la meiosis en el capítulo 3 del bloque II.

Si no te lo has leído porque eres de esos seres de luz avanzados a su tiempo que se enfrentan a los libros de forma desordenada, te recomiendo que vuelvas a él. Aunque creo que puedes entender este capítulo sin problema y leerlo después. Si simplemente estás ojeando este manuscrito en una librería y has ido directo a esta parte porque una vez te pillaste el pellejo de los huevos con la bragueta, te recomiendo que te compres el libro y que uses pantalones de chándal, que esos van holgados y sin esas asesinas castradoras de las cremalleras bragueteras.

Como te comentaba, durante la espermatogénesis se hace un cóctel de genes en el que los cromosomas que vienen de tu padre y los que vienen de tu madre se unen e intercambian trozos enteros de ADN. Para que puedan juntarse esos cromosomas, la temperatura tiene que ser baja, si no, sus brazos se enredan, se hacen un gurruño mal hecho y la célula muere. Por eso se supone que los testículos tienen que estar a una temperatura menor que la del cuerpo y por eso si te pasas la vida poniéndote pantalones pitillo megaajustados para ser el más moderno de Malasaña, vas a hacer oposiciones a esterilidad masculina.

Pero ahora viene la segunda cuestión: ¿por qué no hemos evolucionado para poder hacer la espermatogénesis a altas temperaturas y que los huevos no cuelguen? Que eso de que cuelguen cual cencerro de vaca es un rollo. Bueno, y más en la vejez, que cualquiera que vaya al gimnasio ha visto en los vestuarios que los testículos de los yayos da la sensación de que hicieran *puenting* con una cuerda defectuosa y parecen luego las campanas del apocalipsis. Que hay abuelos que cuando se bajan los calzoncillos gritan: «¡Qué frío está el suelo!». Aclarar que lo de los cojoncetes colgones geriátricos pasa porque con los años la piel pierde elastina, la proteína que le da elasticidad en la piel. Es la misma razón por la que a las personas mayores les cuelgan los pechos, la papada, se les ponen los mofletes como a un bulldog y el chichi como un taco dado la vuelta y al que se le sale el relleno.

Vamos al turrón. ¿Por qué no hemos evolucionado para tenerlos dentro? Primera teoría: que las bajas temperaturas, además de facilitar la correcta unión de los cromosomas, también logran que durante la espermatogénesis se formen menos radicales libres. Y es que el calor favorece que se generen estas especies reactivas de oxígeno con nombre de banda de punk de los setenta, los cuales pueden dañar el ADN. Y la verdad es que no nos va muy bien que el ADN de nuestros descendientes esté dañado y acaben siendo más tumor que persona.

Segunda teoría, que al colgar no solo están más fresquitos, sino que también podemos regular mejor su temperatura mediante la contracción de la musculatura del escroto. Esto los chicos lo entendemos bien. ¿A que cuando te metes en el mar y el agua roza el escroto, enseguida se sube hacia arriba? Y encima se queda arrugado como una uva pasa. Eso es porque ante el frío se contraen los músculos de la bolsita escrotal para que los testículos estén más recogidos y cerca del cuerpo y no se enfríen tanto. ¿Que hace calor? Pues se sueltan y hacen *puenting* de nuevo. Podríamos considerar a los testículos como un yo-yo termosensible.

Y hay una tercera opción para la cuestión de los huevos colgones: que tampoco pase nada por llevarlos colgando y que no haya habido una presión selectiva o una fuerza evolutiva para esconderlos. Que hayan salido fuera del cuerpo como consecuencia de que nuestros antepasados reptiles desarrollaran la sangre caliente (porque os informo de que los reptiles tienen las gónadas bien escondidas dentro del abdomen) y que ese aumento de la temperatura fuera lo suficientemente perjudicial para la espermatogénesis que los testículos terminaran fuera del cuerpo y que luego no haya habido realmente ningún impedimento para que sigan ahí fuera.

De todas maneras, tengo que decir que a mí esto de que no pase nada porque cuelguen cual bola navideña no me convence nada. ¿Conoces la expresión «huir con el rabo entre las piernas»? Esto viene de que los perretes cuando se asustan huyen así. Bueno, lo hacen ellos y un montón de animales más. Si eres de los que les gustan los documentales de animales o vídeos de TikTok sobre fauna, puede que hayas visto escenas de caza en las que el pobre ñu (siempre es un ñu, que parecen el bufé libre del Okavango) se enfrenta a cuatro hienas sedientas dando vueltas sobre sí mismo y tratando de proteger su entrepierna metiendo la cola para dentro. También puede que hayas visto incluso leones macho defendiéndose de los de su propia especie intentando resguardar sus cuartos traseros con la cola y agachando el culete para que esté lo más pegadito posible al suelo. Esto lo hacen para que sus genitales estén a salvo de posibles mordiscos cuando huyen o durante una pelea, porque muchísimos animales, como hienas, cánidos o felinos, tratan de pegar un bocado a los genitales de sus presas para que ese intenso dolor los derrumbe y así poder dominarlas o reducir a rivales de gran tamaño. Es como cuando de pequeño te decían que al matón de tu clase le dieras una patada en la entrepierna para neutralizarlo. No sé vosotros, pero yo preferiría tenerlos un poco más recogidos.

PUBERTAD, DIVINO TESORO

jalá Perales hubiera cambiado el nombre de ese velero llamado «Libertad» y la canción dijera: «Y se marchó, y a su velero lo llamó "Pubertaaaad"». Y es que ese barco que navega entre la infancia y la vida adulta tiene que sortear olas de hormonas, corrientes de cambios neurofísicos y vientos de dilemas morales que dejarían para el astillero hasta el navío más duro.

Os confieso que no puedo escribir un bloque titulado «Humanos marranos» sin hablar de ese breve pero intenso periodo de la vida llamado pubertad. Bueno, breve en tiempo relativo. ¿A que echando la vista atrás parece eterna? ¿A que ahora un curso académico te parece que dura un suspiro porque en septiembre ya estás comprando el billete a Indonesia para agosto y así no ser el único *pringao* que no sube a Instagram fotos en playas paradisiacas mientras que en primero de bachillerato un trimestre parecía toda la trilogía de *El Señor de los Anillos, El Silmarillion* y todas esas *frikicosas* juntas que solo conocemos los que tuvimos una adolescencia entre cartas Magic, figuritas de Warhammer y Risketos?

Eso es porque percibimos el paso del tiempo en función de las cosas nuevas que pasan. Por ese motivo, la infancia o la adolescencia nos parecen muy largas, porque tenemos decenas de nuevas experiencias al día. Pero, de mayores, el tiempo se acelera porque tooooodo es igual y tooooodo es lo mismo. Menos este libro, en el que todo son sorpresas. Por ejemplo, ¿quién te iba a decir hace treinta segundos que ahora iba a confesar haber probado la comida de todas mis mascotas? Mmmm, qué ricas las latitas de pollo *gourmet* de mi gato Pitichuli.

Si una palabra puede resumir la adolescencia es asco. Asco, asco y más asco. Que yo la disfruté, eh. Vale que no mojé el churro lo más mínimo y lo más parecido que hice a morrear fue meter la lengua por el agujerito del Bifrutas para ver si quedaba algo. Pero es que es terrible: hueles mal, tu cuerpo tiene partes desproporcionadas, todo da vergüenza, el bigote pelusilla, los calcetines sospechosamente acartonados del suelo de la habitación, el olor de una clase que vuelve de educación física. Ufff. Y eso solo en lo físico, porque lo mental es peor: dramas sentimentales, cambios de humor, ganas de llorar. Un adolescente es la cosa más parecida a Donald Trump que existe: un ser impulsivo y caprichoso con un peinado claramente equivocado, extraños trastornos en la piel y, sobre todo, un ser que siempre cree tener la razón.

Pero yo hoy no vengo a poner verdes a los chavales y chavalas, que bastante tienen con lo suyo. Yo he venido a romper una lanza en favor de los y las adolescentes. Quiero que los entendáis, los queráis y los améis y los veáis como lo que son: seres que están sufriendo el mayor cambio a nivel cerebral que se da en nuestras vidas, con un desajuste hormonal imposible de gestionar, mentes incapaces de controlar sus niveles de creatividad y que, por si fuera poco, tienen que tomar algunas de las decisiones vitales más importantes para el devenir de su futuro. Que sí, que son seres egoístas que huelen a queso camembert. Pero hay que quererlos, porque son nuestros seres egoístas con olor a queso camembert.

Para comenzar este alegato en favor de esos seres, tengo que aclarar que adolescencia y pubertad no son lo mismo. La adolescencia es un concepto social, mientras que la pubertad es un asunto biológico.

Por un lado, la pubertad es un proceso fisiológico durante el cual el cuerpo de un niño o niña madura sexualmente y se prepara para la reproducción. Es un conjunto de cambios físicos que transforman el cuerpo infantil en un cuerpo adulto.

Por otra parte, la adolescencia abarca los cambios biológicos de la pubertad, pero también incluye los cambios sociales, emocionales, morales y cognitivos. Es decir, es el periodo en el que un niño o una niña dejan el mundo de la infancia y se hacen su propio hueco en la sociedad y en el mundo adulto. O lo que es lo mismo, que no solo va a desarrollar su cuerpo, sino también cuestiones tan complejas como su identidad, su código moral, la imagen que tiene de sí mismo, y se va a volver independiente de sus padres. La adolescencia es mucho más larga que la pubertad y podríamos decir que va desde el inicio de esta última (o un poco antes) hasta que el individuo tiene una vida adulta independiente.

En resumen, que la adolescencia es difícil de delimitar y depende de la época y del lugar. En nuestra burbuja de sociedad occidental del siglo XXI te puedes encontrar mozos que ya peinan canas y que están tirados en el sofá de sus padres con montañas de cáscaras de pipas sobre la tripa con estilos de vida propios del periodo adolescente. Incluso a niños y niñas que, con ocho añitos y sin todavía cambios físicos de la pubertad a la vista, ya empiezan a tener conversaciones e inquietudes propias de la adolescencia. Hoy en día, la adolescencia se ha alargado tanto por delante como por atrás. Por delante, porque las redes sociales, los medios de comunicación y la falta de programación infantil en las televisiones han saturado a los niños de contenidos propios del mundo adulto. Por detrás, porque la falta de acceso tanto a la vivienda como al mundo laboral impiden la incorporación de millones de jóvenes a una vida adulta, independiente y funcional. Fíjate que hasta desde la perspectiva histórica se considera que, aunque la pubertad haya existido siempre, la adolescencia es un constructo social actual. En la Inglaterra del siglo XIX que reflejaba Dickens en sus novelas, esa del pobrecito Oliver Twist con su cacito gimoteando por una cucharada más de sopa apestosa, no existía la adolescencia para la mayoría de la población. En esa oscura época de industrialización acelerada la economía se basaba en las máquinas y en el trabajo infantil, lo que llevaba a los niños y niñas a entrar en el cruel mundo de los adultos antes incluso de sufrir los cambios físicos propios de la pubertad. Tampoco es necesario viajar en el tiempo, porque, según UNICEF, unos 160 millones de niños y niñas de todo el mundo siguen condenados a la lacra del trabajo infantil, casi la mitad realizando tareas peligrosas que pueden comprometer su salud, su integralidad y su desarrollo emocional y social. De niño a adulto sin pasar por la adolescencia y tiro porque me toca. Qué horror.

Mientras que la duración de la adolescencia es variable y a veces hasta inexistente, la pubertad es la que es y llega cuando toca. Aunque hay que decir que durante las últimas décadas también se ha adelantado su inicio. Una tendencia que no se sabe muy bien a qué se debe, pero se cree que puede estar relacionada con una mejor alimentación y salud en general. Vamos, que como comemos bien y estamos bien lechones, el cuerpo está listo un tiempo antes para dar el pistoletazo de salida a esa apestosa maravilla llamada pubertad.

Un pistoletazo de salida que va a impactar en el hipotálamo, una región del cerebro que produce la hormona liberadora de gonadotrofinas y le lanzará un buen chorrazo de estas a su vecina la hipófisis, que a su vez, y como respuesta, liberará hormonas gonadotróficas, un cóctel hormonal que viajará por la sangre hasta llegar a las gónadas. Estas últimas, que vienen siendo los testículos y los ovarios, van a recibir esas hormonas gonadotróficas como agua de mayo porque estimularán su desarrollo y crecimiento. Aquí ya la hemos liado parda, porque los órganos sexuales se empezarán a desarrollar y a producir hormonas sexuales como si los fueran a prohibir. Los testículos generan principalmente testosterona y los ovarios principalmente estrógenos y progesterona. Pero hay que decir que hombres y mujeres producimos ambos hormonas de los dos sexos. Los ovarios también liberan pequeñas cantidades de testosterona y los testículos, de estrógenos. Estas cantidades y ese equilibrio entre hormonas masculinas y femeninas es muy muy variable y hace que el desarrollo humano y su relación con el género y el sexo sea tan complejo.

Esas hormonas sexuales son las que comienzan a transformar el cuerpo. Esto seguro que ya te suena un poco por haberlo estudiado en el cole o simplemente por vivencia personal, así que te lo resumo para que podamos ir en breve a tratar *mierdicosas* graciosas y miserias humanas de esas que tienen mucha ciencia y mucha risa. Las hormonas sexuales estimulan el desarrollo de los caracteres sexuales, tanto el crecimiento y desarrollo de los carac-

teres sexuales primarios (los genitales) como de los secundarios (crecimiento de los pechos y de las caderas en
las chicas, incremento de masa muscular en los chicos o
la aparición de pelito donde antes no había, el estirón o el
cambio de la voz tanto en chicos como en chicas).

La pubertad tiene un culmen que puede ser más o menos traumático. Un punto que marca la llegada a la madurez sexual y el inicio de la capacidad de engendrar nuevos
seres humanos (a una edad en la que, por favor, que nadie
use esa capacidad). En las chicas ese culmen es la aparición de la menarquia, que es como se llama a la primera regla. Fenómeno caracterizado por sustos, vergüenza
y progenitores o abuelas que ayudan más bien poco al
gritar eso tan típico de: «¡¡Se ha hecho mujer!!». En los
chicos se da la primera eyaculación, un momento de gran
vergüenza que suele venir como un sueño tórrido que se
convierte en tener que esconder las sábanas en lo más
profundo del cubo de la ropa sucia, o de susto, cuando
viene después de algún jueguecito manual que termina
con la creencia de que uno se ha hecho pis encima.

Y ahora que ya vamos a las miserias, las vergüenzas y
los ascos, hablemos del olor. Una de las cosas que más
risa y asquete nos da de los adolescentes es que huelen
regulinchi. Hay pocos olores más reconocibles que el de
un cuarto donde han echado la tarde un grupo de púberes
jugando a la Play y comiendo patatas. Es un aroma entre
queso, pescado, pedos y calva de señor mayor mezclado
con toques de clase de *spinning* y jamón rancio. Pues te
aseguro que ese hedor tiene una explicación científica
llena de moléculas y microorganismos con nombres
sesudos. Aunque los principales culpables son el sebo y
el sudor. Los cambios hormonales que se producen en la
pubertad hacen que chicos y chicas liberen más sebo, una

mezcla de ácidos grasos, triglicéridos y otras guarrerías adiposas que segregan las glándulas sebáceas, que son unas cavidades que tenemos pegaditas a cada folículo del pelo. El sebo sirve para proteger la piel, pero en la pubertad se produce tanto que puede llevar a la aparición de acné. Y no, no hagáis caso a los señoros con olor a naftalina que os digan que esos granos salen como castigo por darte gustito a escondidas. Los granos pajeros no existen.

Este sebo que cubre en exceso la piel de los chavales es un manjar para las bacterias que viven ahí, como por ejemplo *Cutibacterium avidum* o *Staphylococcus epidermidis,* que ya podrían haberse llamado Herminia y Jacinta para que alguien pudiera recordar sus nombres... Al utilizar el sebo como alimento, las bacterias lo rompen en moléculas más pequeñas. Tan pequeñas que son capaces de flotar en el aire y expandirse cual perfume con aroma a Cheetos rancios y al que podríamos bautizar como «Eau de Chotunismo».

Pero no solo de sebo vive el hedor *teenager.* También hay un aumento muy bestia de la sudoración, con un especial énfasis en el sudor apocrino. Igual no te suena ese concepto, pero lo vas a entender enseguida si te digo que el sudor apocrino es el que huele como a cabra montés. Tenemos dos tipos de glándulas sudoríparas: las ecrinas y las apocrinas. Las ecrinas liberan el sudor normal, el de cuando te estás achicharrando de calor o estás al borde de la muerte en el gimnasio, y es básicamente agua (aunque con bastantes sales, pero agua al fin y al cabo). Por otro lado, las glándulas apocrinas están solo en ciertos lugares del cuerpo, concretamente aquellos donde tenemos grandes concentraciones de vello, como son los genitales y las axilas. Este sudor apocrino es muy especial, porque, además de agua, contiene grasas y proteínas, que las bacterias también van a descomponer para formar sustancias volátiles bien apestosas.

Las bacterias pueden llegar a convertir las proteínas del sudor apocrino en sustancias azufradas, ácidos y mandangas similares al amoniaco, moléculas capaces de generar olores que van desde los que recuerdan a huevos podridos hasta el vinagre. Los lípidos pueden convertirse en ácidos apestosos y en maravillas como grasas rancias que huelen como si te hubieras dejado debajo de la cama un torrezno medio masticado. Incluso pueden generar algunos compuestos similares a los que se producen durante la fermentación del queso y del yogur. Por eso los pies huelen claramente a cosas lácteas que alguien ha dejado fuera de la nevera.

Si todo esto te ha dado asco, decirte que no es la única etapa de la vida caracterizada por un olor estigmatizante y causado por las reacciones que se dan en la piel. La gente mayor huele. Huelen a persona mayor. ¿Sabes ese olorcillo a casa de abuela que es inconfundible? Y da igual que sea la casa de tu abuelo o la de la abuela de tu vecino. Todos los viejetes y sus casas huelen parecido porque este olor se debe a una molécula llamada 2-nonenal y que se forma por la oxidación de algunos de los lípidos del sebo. Cuando los humanos envejecemos, perdemos un montonazo de antioxidantes naturales, así que la grasa de la piel se oxida rápidamente y genera un montón de compuestos, incluyendo ese 2-nonenal. A decir verdad, cuando las grasas se enrancian, como cuando se pone malo el jamón o te dejas una bolsa de patatas abierta en el armario de la cocina durante meses, adquieren un olor y un sabor desagradable al que llamamos rancio. Cuando las grasas se enrancian lo que sucede es que se oxidan. Por consiguiente, el olor de los abuelos es olor a que ya se están quedando un poco rancios, como las patatas. Esa grasa se va pegando con el tiempo a cada rincón de la casa y, como las grasas son muy difíciles de limpiar, el olor del 2-nonenal va impregnando cada esquina del hogar: cortinas, sofás, camas, ropa. Todo huele a la yaya. Eso sí, decirte que el reconocer el olor de las personas mayores como algo negativo es una cuestión cultural. En otras sociedades, como la japonesa, no es considerado un mal olor y hasta tiene un nombre: *kareishū*. Un ejemplo de cómo estigmatizamos a las personas mayores y, si me permites decirlo, también a los adolescentes.

Estos cambios tan locos propios de la pubertad, como la aparición de olores, la pelusilla del bigote o que tengan de repente partes del cuerpo de adulto y partes de niño y que parezcan un Mr. Potato, pueden afectar muchísimo a su autoestima. Más aún a una edad en la que están formando su identidad, en la que lo que opinen los demás es clave para ellos y ellas y en la que dependen más de la aceptación de sus semejantes que de su propia familia.

Fíjate si es curioso cómo influyen en su autoestima estos cambios, que su respuesta está muy determinada por el género. En los chicos, las primeras alteraciones como la pelusilla o que de repente los pies parezcan dos aletas del 45 sosteniendo el cuerpo enclenque de un niño pueden resultar perturbadoras. Pero las que se dan después suelen subir la autoestima de la chavalada. Eso de crecer de golpe, echar músculo gracias a la testosterona y que la voz se ponga grave es algo que a los chiquillos les encanta, porque son cambios que los hacen más cercanos a los cánones estéticos masculinos occidentales de cuerpos atléticos y aspecto viril.

Sin embargo, la transformación que se da en las chicas es mucho más compleja a nivel social. En esta etapa, ellas empiezan a almacenar grasa, sobre todo en las caderas. Algo que va a la contra de ese terrible canon de la delgadez extrema femenina que tanto daño ha hecho a las mujeres y niñas durante parte de los siglos XX y XXI y que ha favorecido mucho el auge de los trastornos de la conducta alimentaria.

De hecho, es muy normal que haya tanto niños como niñas con una pubertad temprana y que se desarrollen algo antes que sus compis. Cuando esto les pasa a los chicos, su autoestima sube como la espuma. De repente son un jamelgo en medio de una clase de niños, un bicharraco que saca una cabeza al resto de sus amigos, que se pone fuerte como el vinagre y que habla con voz de trueno mientras sus colegas parecen los Pitufos Makineros chupando helio. Encima se convierten en los únicos que están en un estado de crecimiento similar al de las chicas de su curso, porque recordemos que las chicas tienen la pubertad entre uno y dos años antes que los chicos.

Pero cariña, con el heteropatriarcado hemos topado. Cuando son las niñas las que tienen una pubertad prematura, lo pasan fatal. No tienen referentes entre sus amigas de lo que está pasando. No tienen iguales con quienes compartir sus miedos e inquietudes y su autoestima se desploma. Y, para más inri, cuando las chicas se desarrollan, la sociedad comienza a asignarles roles de género para los que no suelen estar preparadas. El mundo comienza a juzgar su forma de vestir, de moverse y de ser, y descubrirán horrorizadas que la humanidad está llena de hombres asquerosos que sexualizan a niñas de once años que apenas entienden las miradas y los comentarios que comienzan a percibir a su alrededor. Hay un infierno reservado para *lo onvres* y los viejos verdes que sexualizan a las niñas...

Volviendo a lugares menos oscuros y más alegres del alma humana, creo que hay un consenso entre los seres humanos de que los adolescentes están, como se dice en terminología científica, como una puñetera cabra. Son intensos, impulsivos, temerarios y capaces de tomar las decisiones más absolutamente terribles dentro del elenco de elecciones que tienen ante ellos y ellas. Pero puedo asegurarte que la neurobiología los disculpa claramente.

Durante la pubertad, todo ese embrollo de hormonas sexuales que agitan el cuerpo también remodela la mente. Una de las cosas más curiosas que les sucede es que tienen muchísima actividad en el sistema límbico, la zona del cerebro que controla las emociones. Por eso son intensitos, cambian rápidamente de humor y exaltan la amistad y el amor como si fueran un perrete de esos que necesitan la ayuda del encantador de perros. Su sistema límbico va a tope, y su amígdala, una pequeña zona del cerebro que disfruta con los riesgos, también va a tope. Además, su cerebro es especialmente sensible a la dopamina, ese neurotransmisor placentero que se produce, entre otras situaciones, ante el riesgo. Ese cóctel de límbico, amígdala y dopamina les lleva a abrazar el peligro. Sin embargo, mientras estas zonas se desarrollan a todo gas durante el principio de la pubertad, todavía no les ha madurado el córtex prefrontal, que es la zona encargada del juicio crítico, el pensamiento a largo plazo y de todas esas habilidades que nos ayudan a no liarla parda en la vida. El límbico y la dopamina les pide aventura y peligro, pero la corteza prefrontal todavía no es capaz de evaluar los riesgos. Esa parte que debería decirles *«vamo a calmarno»* todavía no funciona. Por ello la chavalada puede considerar que el carrito de la compra es un medio de transporte maravilloso para bajar por una cuesta de 45 grados o que es buena idea vaciar una lata de alubias en la puerta del vecino que te ha regañado por hacer ruido con el balón y al que vas a tener que ver absolutamente todos los días de tu vida. O peor todavía, cuando comienzan a tener relaciones sexuales, no tienen un preservativo a mano y piensan esa estupidez universal de «solo la puntita, que no pasa nada», porque no saben que sí que pasa porque antes de llover chispea.

Entre la muchachada, sobre todo entre los chicos, abundan esas proclamas que tantas tumbas han llenado como «a que no hay huevos de...», seguidas de ideas dignas de cinco premios anti-Nobel como «... de beber típex». Y es que los adolescentes, en su asombrosa cabecita recién estrenada, apenas contemplan el miedo a hacerse daño e incluso a la propia muerte. Los vericuetos del desarrollo cerebral y psicológico de los adolescentes les hacen vivir en una especie de fábula vital en la que consideran que su historia es única, irrepetible y especial. Su vida, sus reflexiones y su experiencia son tan únicas y especiales para el universo que difícilmente dicha historia va a truncarse por una mala evaluación del peligro. Se imaginan tan extraordinarios que se ven como el protagonista de una peli que, al ser el prota, obviamente no puede morir.

Aparte de vivir en una realidad en la que se sienten casi inmortales, los chavales y chavalas están inmersos en un mundo de opciones y oportunidades infinitas. En ese momento del desarrollo de su mente se encuentran en un momento vital en el que la realidad es solo un subconjunto de lo posible. Es decir, se crean en su mente una especie de mapa mental de opciones vitales, ya sean sobre su vida o sobre el mundo en general, y establecen cuál de esas realidades es la que corresponde a su vida o a su realidad. Es un poco como estas historias de multiversos en las que en cada universo las personas han seguido un camino distinto y en un universo pueden ser un *pringao* como yo que escribe libros en pijama y en el otro el presidente de los Estados Unidos. Yo creo que todos hemos fantaseado con esa idea de «Y si hubiera hecho tal cosa», e imaginamos nuestra vida en un universo paralelo en el que decidimos declarar nuestro amor a cierta persona, habernos ido a vivir a tal ciudad o habernos hecho ingenieros en vez de biólogos. Los adolescentes viven continuamente en esa peli de multiversos. Ven la realidad como una de esas posibles ramas de líneas temporales y calculan la distancia a la que están la línea en la que viven en comparación con la que deberían estar. Y no solo ellos, sino sus seres queridos o el mundo entero. Por eso a esa edad son extremadamente idealistas con temas como el medio ambiente o la política, porque consideran que el mundo que debería ser y el que realmente es están muy lejos.

Esta perspectiva tan de comerse el tarro también les causa bastantes disgustos a sus padres y madres, porque empiezan a medir la distancia entre lo que sus progenitores son o hacen y lo que deberían ser o hacer. Por ejemplo, imagina que unos padres siempre han tratado de inculcar valores antirracistas a sus hijos. Un día están comiendo con la familia y el abuelo, que es un poco carca, suelta una racistada. Pero como los padres saben que el señor está ya un poco gagá y a un par de neuronas muertas de defecarse encima y no quieren crear un conflicto, se callan y lo dejan correr. La mente adolescente no deja pasar ese detalle y considera que esa distancia entre lo que sus padres han hecho y lo que deberían haber hecho es tan grande que es una absoluta hipocresía. Por ese motivo, los y las adolescentes no soportan la hipocresía, así que cuidadito, cuidadito, porque esos chavales o chavalas van a alzar la voz y no lo harán contra el racista del abuelo, sino contra los hipócritas de sus padres. Cuando ya tenemos una edad sabemos que, obviamente, nuestros padres y madres no son perfectos y que tienen también sus contradicciones y taritas, pero los niños no son conscientes de ello y los ven como seres divinos que lo saben todo y que pueden arreglar cualquier cosa. Entre el niño que los ve como dioses y el adulto que los ve como humanos hay un adolescente que (por culpa de su idealismo extremo) se decepciona tanto que los cataloga como seres hipócritas y falsos. A los padres y madres que me estáis leyendo y que estáis al borde del ataque de pánico porque vuestros churumbeles están a un par de pelos de entrar en la adolescencia, deciros que de la pubertad también se sale.

Este cerebro en ebullición, aparte de estar adaptándose a la vida del mundo adulto, está llevando a cabo el mayor cambio que se da en el cerebro de un ser humano: la poda sináptica.

Durante la infancia no paramos de aprender: que si los colores, que si las formas, que si tratar a los demás sin morderlos, la empatía, caminar, escribir, limpiarse el culo, atarse los cordones. Uf, menudo rollo repollo y qué estrés, que a mí ahora, a mis treinta y siete años, me quieres enseñar a planchar las camisas sin que parezca que les ha pasado por encima la estampida de ñus que se cargó a Mufasa, y me pongo a llorar más que con la muerte del susodicho león. Todos esos aprendizajes de la infancia hacen que se creen cientos de millones de conexiones entre neuronas. Muchas de ellas son importantísimas, pero otras sirven para bien poquito. Y en este oloroso paso de la infancia a la vida adulta, el cerebro se pone en modo limpieza de otoño para desechar lo que no sirve y comienza a destruir las conexiones que sean poco útiles o que no se usen demasiado para así reforzar las importantes.

Es como si un jardinero podara un árbol que está lleno de ramitas finas y débiles y que no hacen más que enredarse unas con otras para que las ramas importantes se pongan grandes y fuertes. Por eso a este proceso se le llama poda sináptica, porque se podan las sinapsis, que son las conexiones entre neuronas. Esta operación es tremendamente compleja y delicada y una de las causas de que los adolescentes estén tan perdidos en sus propios pensamientos. ¿No entiendes a tus hijas o a tus sobrinos? Tranqui, ni ellos se entienden a sí mismos... El niño o la niña han muerto y ahora tienes a un mozo con un cerebro a estrenar. Y ojito, que la poda sináptica puede extenderse hasta los veinticinco años. Así que no preocuparse por seguir estando un poco locatis hasta bien entrado en la vida adulta.

Y no quiero terminar este alegato en pos de la dignidad adolescente sin hablar del archienemigo de la muchachada en plena pubertad, un enemigo terrible al que tienen más miedo que llamar mamá a su profesora o que a ser descubiertos en pleno onanismo: madrugar. Los jovenzuelos aborrecen madrugar, lo odian a muerte, y es muy normal que los progenitores tengan que levantarles de la cama a empujones cada día. Y la cosa no mejora con el paso de las horas: en el instituto parecen una pandilla de zombis recién salidos de una *rave*. Y se quejan y se quejan y se quejan, porque los adolescentes son muy de hacer la *lloración*. Y que si entrar el insti a las ocho y media son malos tratos, que si mates a primera hora va contra la evidencia científica educativa, que si no pensamos en sus derechos... Bla, bla, bla. ¿Pues a que no sabes una cosa? Que con la evidencia científica en la mano, tienen toda la razón.

Todos tenemos un reloj interno que determina nuestras funciones vitales: nos dice cuándo levantarnos, cuándo acostarnos o hasta cuándo ir al baño (que yo activo la fábrica de chocolate cada mañana a las nueve en punto). Este reloj está regulado por una mezcla de genes en conjunto con el efecto que tiene la luz del sol en el cerebro y hace que tengamos más energía durante el día o que tengamos sueño por la noche. Y gracias a la cronobiología, que es la ciencia que estudia cómo nos afectan los ciclos temporales a los seres vivos, ahora sabemos que durante la adolescencia y los primeros años de juventud nuestro reloj interno está retrasado entre tres y cuatro horas. De ahí que muchos adolescentes y universitarios estudien muy bien de noche pero se queden fritos en el pupitre durante las primeras horas de clase. Para un adolescente, entrar al instituto a las ocho es como si un adulto lo hiciera a las cuatro de la madrugada. Que el instituto empiece a las ocho y media es una aberración científica. Ojalá un día esa injusticia acabe y la chavalada pueda iniciar sus clases a las once, que es una hora magnífica para arrancar el día, y por eso yo quiero hacerme rico con este libro, que quiero vivir como un noble y levantarme a las diez cada mañana.

En fin, si me está leyendo alguien que esté en esta etapa vital: ¡¡que viva la adolescencia!! Que encima de que vuestro cerebro está a medio hacer, os pide peligro sin evaluar los riesgos, estáis salidos y salidas como monas, oléis mal, no podéis gestionar la intensidad de vuestras emociones y os hacen madrugar. Encima de todo eso, os pedimos que os portéis bien y que elijáis qué es lo que queréis hacer el resto de vuestra vida. De verdad, un

Nobel de la Paz para la adolescencia ya mismo. Total, si se lo dieron a Obama a pesar de bombardear a cientos de personas con drones, por qué no os lo iban a dar a vosotros y vosotras por aguantar a los adultos cuando tenéis que lidiar a la vez con alguien todavía peor: vosotros mismos.

LA PRIMAVERA
LA SANGRE ALTERA

Y a que hemos hablado de gente intensa y un poco salida, vamos con un tema muy muy alegre, el más alegre y colorido del mundo, porque ¿acaso hay algo más bonito que la primavera? Calorcito, flores, mariposas, amor, pájaros cantando... En primavera la vida estalla y los humanos nos ponemos un poco tontorrones: los parques se llenan de parejitas de adolescentes descubriendo el amor de una forma menos inocente de lo que les gustaría a sus padres y madres, los Tinders, Grinders y demás *apps* destinadas a la cópula baten récords de descargas y la planificación familiar es un concepto que tristemente desaparece de algunas cabezas. Y es que en primavera queremos *amorsito*. Pero no un amor casto y puro, queremos amor con vena y del que salpica y huele. Queremos sexo.

¿Es eso cierto? ¿Hay realmente algo de ciencia en el famoso dicho «La primavera la sangre altera»? Tengo que deciros que sí, que la ciencia avala el famoso refrán y que hay un montón de biología detrás de que cuando llega marzo estéis al borde de hacerle *petting* a los marcos de las puertas.

Este proverbio hace referencia a un concepto llamado fiebre primaveral, un fenómeno común que se experimenta al inicio de la primavera, y que está asociado a cambios en el estado de ánimo, el comportamiento y la energía. Con la llegada de la primavera una gran parte de la población sufre una mejora del estado de ánimo, un aumento de la energía y cierta inquietud y euforia que hasta pueden llevar a problemas de insomnio. Pero, sobre todo, hay un aumento notable del deseo sexual. ¿Y quién tiene la culpa de semejante aberración de hacernos a los humanos más amables, alegres y amorosos? Tu vecino y amigo el sol.

En esta estación aumentan las horas de luz y eso afecta mucho a nuestros cuerpos. Me explico. Como te comenté en el capítulo anterior, todos tenemos un reloj interno. Aunque parte del mismo está regulado por cuestiones genéticas, otra buena parte está controlado por el cerebro, concretamente por el núcleo supraquiasmático. Pero ese reloj no es el más preciso del mundo y necesita un elemento que lo ajuste y lo ponga en hora con el mundo exterior para que nuestro cuerpo haga las cosas a la hora que tocan y que no te entre un sueño mortal al mediodía o te despiertes con ganas de desayunar a las dos de la madrugada. Quien ajusta ese reloj es la luz del sol a través de la glándula pineal.

La glándula pineal, también conocida como epífisis, es una zona del cerebro que produce la hormona melatonina, que es la que nos da sueñecito por las noches, por eso seguramente hayas visto cajas de melatonina en farmacias y supermercados. En la oscuridad, la glándula pineal genera melatonina para que nos vayamos a dormir, pero cuando hay luz deja de producirla. Así que, según aumentan las horas de luz durante la primavera, tenemos menos melatonina en el cerebro y estamos más despiertos y podemos hasta tener problemas de insomnio.

Además, la luz del sol hace que liberemos más serotonina, un neurotransmisor que nos da alegría Macarena, causando esa mejora en el estado de ánimo tan propia del momento. Pero el sol nos regala otro tipo de alegría más picaruela, porque cuando baña nuestra piel producimos vitamina D. Esta vitamina no solo es importante para nuestros huesos o nuestras defensas, también hace que produzcamos más testosterona, que es lo que nos pone salidorros como el pico de una plancha.

Para tu consuelo, no somos los únicos a los que el sol les vuelve un poco tarumba. El cambio en el número de horas de luz es también quien les indica a las aves cuándo tienen que migrar. Cuando las horas de luz corresponden a las de la época del año en la que toca irse de viaje huyendo del frío, del calor o de la falta de alimento, las aves migratorias sufren el *Zugunruhe* o inquietud migratoria, un estado fisiológico en el que se ponen ansiosas perdidas y empiezan a comer como si lo fueran a prohibir con el fin de engordar a toda velocidad y estar ternescas y bien gordis para tener reservas para el viaje. Si es que los humanos no hemos inventado nada...

Después de descubrir que el sol es quien te pone perrón en primavera, igual estás pensando: «Oye, ¿y no será que la ciencia le da demasiadas vueltas a esto y lo que pasa es que en primavera hace calor, llevamos menos ropa, vemos cacha y nos calentamos? ¿Esos hombretones marcando bíceps y enseñando pelo en pecho al desabrocharse los primeros botones de la camisa no serán lo que inunda mis fantasías? ¿Esas damas enseñando jamones no estarán aumentando mi apetito?».

Por supuesto que algo de eso hay, pero no solo porque nos calentemos viendo cacha, también oliendo cacha. Con el calor sudamos más y liberamos sustancias que pueden excitar a los demás, y eso está relacionado con el gran misterio del vello corporal. ¿Nunca os habéis preguntado por qué los humanos tenemos pelos en los sobacos y en el pubis? Es decir, somos como un mono calvo con pelos en sitios rarísimos. Que no hayamos perdido el pelo de la cabeza es lógico, porque sirve de gorrita para protegerse del sol, el de las cejas vale para ayudarnos a comunicarnos y el del pecho (que la mayoría de etnias no lo tienen) puede que sea simplemente un atributo sexual para aumentar el atractivo. Pero ¿por qué demonios tenemos un perro acostado en el pubis y dos moñoños en las axilas que parecen dos estropajos?

Todo apunta a que tanto el pelo de las axilas como el de los genitales sirve para... ¡amplificar olores! Ya sé que suena horroroso, pero es que justo en las axilas y en los genitales es donde tenemos más glándulas apocrinas, esas que te expliqué en el capítulo sobre la adolescencia que producen un sudor especial rico en proteínas y lípidos. Esas moléculas son cortadas en otras más pequeñas por las bacterias y, además de producir algunas sustancias algo malolientes, también pueden formar sustancias con olores capaces de excitar y atraer a otros seres humanos. Hay que aclarar que en los humanos no hay evidencias de que existan feromonas como tal, pero nuestros cuerpos sí que pueden producir olores que pueden resultar excitantes a otros humanos.

En otras palabras, que se cree que ese sudor apocrino podría crear un perfume un poco asqueroso para resultar sexis al olfato y atraer parejas. El pelo en estas zonas serviría para impregnarse bien de estas sustancias olorosas, aumentar la superficie disponible para que se peguen a la zona y que huela mucho más. El famoso perfume más antiguo del mundo, el famoso «*Eau* de macho cabrío» o «*Parfume* de hembra ibérica».

Si es que ya lo dice el refrán: «Donde hay pelo, hay alegría».

EPÍLOGO
HÁGASE LA MUERTE

S on las cuatro y tres minutos de la madrugada del 1 de enero de 2025. Estamos en Nochevieja. En la calle suenan todavía los últimos petardos y una incesante reverberación de bachata característica de los barrios del sur de Madrid. Y mientras unos borrachos emiten sus cánticos beodos animando a otro a orinar en un portal que probablemente sea el mío, yo me dispongo a terminar este libro.

Esta madrugada en la que un año nace y un año muere, en la que lanzamos deseos por la nueva vuelta al sol que se echa encima sin piedad y fantaseamos con dejar lo malo atrás; esta noche en la que los seres humanos occidentales y sus culturas asimiladas hemos marcado en esa ficción llamada calendario que los viejos tiempos mueren para que nazca un nuevo porvenir es la más indicada para pensar en la muerte.

Uf, menuda bajona. Medio mundo de cotillón y el otro medio diciendo «qué maravilla quedarse en casa porque Nochevieja es la peor noche para salir», y yo metido en mi cutriapartamento del barrio de Usera pensando en esa mala costumbre que tenemos las personas de terminar fiambres en algún momento de nuestra vida. Una mortal tradición que consideramos como algo inherente a la vida, un peaje que todo ser vivo tiene que pagar por haber nacido. Porque es obvio que la muerte nació a la vez que la propia vida, pensarás... Pues déjame que te diga que has caído en un error, un error mortal.

Hace algo más de 3.800 millones de años apareció la vida en la Tierra. La vida, que no la muerte. Porque la dama de la guadaña no llegó a este mundo hasta 2.000 millones de años después. Durante veinte millones de siglos los seres vivos fueron habitando el mundo sin que por allí se pasara la parca. Al menos tal y como la entendemos.

No me malinterpretes, que los pobres gurruños de membranas y cadenas cutres de ADN que habitaron la Tierra cuando esta era joven sí que podían sucumbir ante la falta de comida, el calor, el frío o incluso siendo devorados por otro desdichado gurruño de membranas. Pero lo que no hacían estos pioneros de la vida era estar a merced de una cuenta atrás que los acercara a una fecha de caducidad. Al contrario que nosotros, no envejecían.

Maldito envejecimiento que nos llena de arrugas, canas y a algunos señores les genera esas misteriosas secreciones blancas en las comisuras de los labios que deben de estar hechas de saliva a punto de nieve... Arg, los merenguitos de los señoros.

Pero el envejecimiento y la muerte programada no son procesos inevitables a los que tenga que estar condenado todo ser vivo por el hecho de existir. Son adaptaciones para que podamos hacer dos cosas que a multitud de seres de la creación, incluidos los *Homo sapiens*, nos encanta hacer: tener un cuerpo hecho de muchas células y algo de lo que llevo hablando todo el libro, reproducirnos.

Los primeros organismos eran todos unicelulares, así que para reproducirse solo tenían que dividirse en dos y..., chimpún, ya tenían una copia de sí mismos. Se dividían y dividían, y así, en esencia, eran inmortales. No se hacían viejitos ni guarrerías de esas porque antes ya se habían convertido en dos bichitos nuevos. Pero en algún momento los organismos descubren que competir no es la única baza de la carrera evolutiva y que cooperar y quererse un poquito también mola mazo para sobrevivir. Y así, algunos bichejos unicelulares comienzan a vivir en amor y compañía, y asociarse para crear organismos hechos de muchas células. Aparecen los organismos pluricelulares. Vamos, bichos gordos hechos de miles y hasta millones de células.

Y ahí es donde se lía parda, porque no solo es que tengamos muchas células, sino que encima estas se especializan en diferentes tareas: unas se dedican a permitir que el cuerpo se alimente y forman tejidos digestivos, otras al desplazamiento formando músculos o sistemas hidráulicos como los de los gusanos, otras a percibir el entorno para poder detectar depredadores, presas o posibles parejas y forman órganos sensoriales... Es decir, que las células de los organismos pluricelulares tienen la fea costumbre de tener un trabajo.

Y esas células especializadas y trabajadoras son tan, pero tan peculiares, que ya no pueden dedicarse a dividirse a lo bestia, y pierden su inmortalidad. Pero ¡no preocuparse! Porque los nuevos seres pluricelulares tienen soluciones para todo y aparecen en su cuerpo otras células muy peculiares y especializadas, nada más y nada menos, que en salir del cuerpo para generar un nuevo ser vivo: las células sexuales.

Claro, contando ya con unas células expertas en, como decía Rajoy sobre los catalanes, «hacer cosas» pero sin la capacidad de dividirse, y unas células expertas en la reproducción capaces de multiplicarse sin cesar, ¿para qué vamos a preocuparnos en reparar las células que forman el cuerpo?

Y es que las células de los tejidos y órganos, tanto de los nuestros como de los primeros seres pluricelulares, se van llenando de sustancias de desecho y daños en el ADN que con el paso del tiempo las van dejando más marranas que una cocina de las que visita Chicote. Y repararlas cuesta mucha energía y muchos recursos. Si un ser vivo invierte muchos recursos en reparar su cuerpo, tendrá menos para generar células sexuales y reproducirse. Pero si hace lo contrario y se dedica a dejar que su cuerpo envejezca invirtiendo toda su energía en la reproducción, generará más hijitos, los cuales llevarán genes que también darán órdenes de dejar al cuerpo hacerse viejuno y dedicarse todo lo que pueda a hacer hijos. Y poco a poco el mundo se irá llenado de seres mortales pero fornicadores. Y así la evolución ha permitido que nos hagamos viejos y muramos para que podamos producir chorrazos de células sexuales.

Cada vez que veas los restos de tus células sexuales, ya sea en un pañuelo roñoso o surcando el torbellino del desagüe de la ducha, en el caso de los mozos, o en forma de la visita de la dama de rojo en el caso de las muchachas, quiero que pienses en una terrible verdad: que la mera existencia de esos gametos, de esas células sexuales, de eso que te sale del pito o del chumino, es la que te ha condenado a muerte.

Aunque, al menos, en nuestro caso somos una especie que invierte bastante en reparar el cuerpo para que podamos tener una vida larga y con unos pocos hijos. Eso sucede porque somos unos seres con más o menos pocas probabilidades de palmar por factores externos. Piensa ahora en unos bichos a los que les pasa lo contrario: los ratones. A estos roedores se los merienda todo quisqui y encima acostumbran a estar expuestos a montones de patógenos porque nunca fueron los más remilgados de su clase a la hora de elegir hábitats con buena higiene. Es tal la tasa de mortalidad de estas bolitas de pelo, que la selección natural los ha llevado a invertirlo todo en darle al fornicio y reproducirse desde que apenas tienen unas cuatro semanas de vida; criar como si fuera aquello el milagro de los panes y los peces y no invertir casi nada en reparar sus órganos y tejidos. Así que cuando rondan año y poco de vida, y después de haber dejado en torno a un centenar de hijitos e hijitas, ya suelen ser más tumor que roedor y mueren. Algo que hemos podido comprobar todos aquellos y aquellas que de pequeños pedimos tener un hámster y fuimos traumatizados con sus siempre bastante horribles formas de morir. Yo tuve uno que no llegó a viejo porque le daba de comer natillas y se puso tan gordinflas que le entró el ansia viva, se comió su casita y palmó.

Pero estar hechos de un montonazo de células especializadas en hacer sus cositas y generar unas células expertas en la reproducción no es la única razón que convierte a la mortalidad en una adaptación tan fetén como desagradable para los seres vivos. Y es que dar el *apechusque* final nos permite dejar el mundo a las nuevas generaciones. Aunque no lo parezca por el estilo de vida que llevamos las gentes del primer mundo, el planeta no tiene recursos infinitos. Tampoco los tiene ningún ecosistema, así que sus habitantes tienen que competir por ellos, tanto entre individuos de distintas especies como de la misma.

Imagina ahora una especie inmortal. Podemos llamar-
la... mmmm, *Ricardus mourensis* en honor a su descubri-
dor: un biólogo extremadamente sexi que construyó su
fértil carrera científica alrededor de hablar de *guarreri-
das* sexuales y hacer chistes de caca. Los animalitos de
la especie *Ricardus mourensis*, conocidos bajo el nombre
vulgar de los «ricarditos de la suerte», dedican su vida
a culebrear por el mar en busca de unos ricos gusanitos
naranjas de una especie que no vamos a nombrar para
no liarnos más, pero que están más ricos que la última
croqueta del plato. Estos bichitos se alimentan a través
de una abertura que les sirve a la vez de boca y de ojete
(el ano es un invento bastante tardío en la evolución,
pero eso ya te lo contaré en otro libro), y, además, son
biológicamente inmortales. Es decir, que no envejecen.
Pero los ricarditos de la suerte están a merced de la
muerte en el caso de que se los coma otro bicho, haya
alguna catástrofe ambiental o simple y llanamente se
queden sin comida porque se agoten los ricos gusanitos
naranjas. Ante la posibilidad de morir, están obligados
a darle a la reproducción, porque si no poco a poco se
iría extinguiendo la especie cuando se encadenasen
unos cuantos infortunios y fueran cascando uno tras
otro. Pero ahora tenemos un problema: si los adultos no
mueren, las crías y los jóvenes tienen que competir por
el alimento con ellos. ¡Calamidad! ¡Cada vez tenemos
más ricarditos de la suerte y menos gusanitos naranjas!
Esto es fatal, porque los más jovenzuelos, los *bebesitos*,
van a tener las de perder y las pobres criaturitas jamás
podrán prosperar y crear una nueva generación. Y dirás:
«Pues no pasa nada, siempre va a haber de esos adultos inmortales y ya criarán otra vez». Ya, pero es que si
una especie no tiene nuevas generaciones, no evolucio-

na, y si no evoluciona no se adapta a los cambios de su entorno.

Imagina ahora que en ese mismo ecosistema hay otra especie, una que es la archienemiga de *Ricardus mourensis*: la *Hazteadultis deunavez*, terrible competencia de los ricarditos de la suerte porque también se alimentan de esos gusanitos naranjas y compiten con ellos por los recursos. Durante millones de años, las dos especies compiten, pero se apañan y ambas son capaces de sobrevivir. Pero entonces los *Hazteadultis* adquieren una terrible adaptación: dejan de ser inmortales. Su mortalidad hace que las crías no compitan con los adultos, así que mientras siempre tenemos a la misma panda de ricarditos, que son todos unos carcamales aburridos de la vida y estancados en su era geológica, sus competidores van criando una generación tras otra, y con el paso de los milenios se van viendo afectados por la selección natural y la evolución, y ¡zas!, aparecen algunos con una especie de bigotillos alrededor de la boca que les permiten cazar más gusanos naranjas. Los bichejos con esta ventaja tendrán más posibilidades de sobrevivir y reproducirse, habrá cada vez más de estos y terminarán comiendo tantos gusanitos que dejarán sin recursos a los pobres y ancianos ricarditos, que se extinguirán entre hambre y flatulencias...

Bendita muerte que nos ha permitido evolucionar, adaptarnos y cambiar. Sin ella jamás habríamos llegado a ser unos monos calvos y salidos con ganas de conquistar las estrellas. Y al igual que el bonobo, los insectos palo, los plataneros con hongos, las lagartijas lesbianas, los chinches gais, los reyes Austrias con su cara de váter, los peces payaso que cambian de sexo o las hormigas y sus millones de hermanas mueren para dejar el camino libre a aquellos congéneres que están por venir, igual que el

2024 acaba de morir para que el 2025 comience, este libro también debe morir. Pero muere para que tú, lector que te has leído la mayor parte de estas páginas en el váter o en el metro, puedas hacerlo volver a nacer cada vez que cuentes por ahí alguna de las chuminadas que he escrito aquí y, creyendo que simplemente estabas haciendo reír a la gente con animalitos guarretes, logres que la curiosidad germine en el corazón de algún oyente y, tal vez, solo tal vez, nazca una nueva vocación científica en lo más profundo de un ser humano.

Aunque igual tan solo muere para que yo haga la segunda parte y poder venderte dos libros en vez de uno, y así forrarme. Quién sabe la verdad... Total, como ya has pagado, *pos* me da lo mismo.

Adiós y gracias por aguantarme.

BIBLIOGRAFÍA

AIELLO, L. C., WELLS, J. C. K., «Energetics and the Evolution of the Genus Homo», *Annual Review of Anthropology, 31*, 2002, pp. 323–338. http://www.jstor.org/stable/4132883

ÁLVAREZ, G., CEBALLOS, F., QUINTEIRO, C., «The Role of Inbreeding in the Extinction of a European Royal Dynasty», *PLoS One* 4 (4), 2009. https://doi.org/10.1371/journal.pone.0005174.

BAILEY, N. W., ZUK, M., «Same-Sex Sexual Behavior and Evolution», *Trends Ecol Evol* 24 (8), 2009, pp. 439-446. doi: 10.1016/j.tree.2009.03.014. Epub 2009 Jun 17. PMID: 19539396.

BENTON, M., WILF, P., SAUQUET, H., «The Angiosperm Terrestrial Revolution and the Origins of Modern Biodiversity», *The New Phytologist* 233 (5), 2022, pp. 2017-2035. https://doi.org/10.1111/nph.17822

BESERIS, E. A., NALEWAY, S. E., CARRIER, D. R., «Impact Protection Potential of Mammalian Hair: Testing the Pugilism Hypothesis for the Evolution of Human Facial Hair», *Integrative Organismal Biology* 2 (1), 2020. https://doi.org/10.1093/iob/obaa005

BIRKHEAD, T. R., HUNTER, F. M., «Mechanisms of Sperm Competition», *Trends in Ecology & Evolution* 5 (2), 1990, pp. 48-52. https://doi.org/10.1016/0169-5347(90)90047-H

BRENNAN, P., «Genital Evolution: Cock-a-Doodle-Don't», *Current Biology* 23, 2013, R523-R525. https://doi.org/10.1016/j.cub.2013.04.035.

CAMÓN, L., «¿Por qué las mujeres son el único primate con los pechos aumentados?», *El País*, 2024. https://elpais.com/ciencia/2024-12-19/por-que-las-mujeres-son-el-unico-primate-con-los-pechos-aumentados.html

CASAS, L., SABORIDO-REY, F., RYU, T., MICHELL, C., RAVASI, T., IRIGOIEN, X., «Sex Change in Clownfish: Molecular Insights from Transcriptome Analysis», *Scientific Reports* 6, 2016. https://doi.org/10.1038/srep35461

CHUNCO, A. J., «Hybridization in a Warmer World», *Ecology and Evolution* 4 (10), 2014, pp. 2019-2031. https://doi.org/10.1002/ece3.1052

COOPER, G. M., Hausman, R. E., *La célula*, Marbán, Madrid, 2019 (7.ª ed.).

COSTARDI, J., NAMPO, R., SILVA, G., RIBEIRO, M., STELLA, H., STELLA, M., MALHEIROS, S., «A Review on Alcohol: From the Central Action Mechanism to Chemical Dependency», *Revista da Associaçao Medica Brasileira* 61 (4), 2015, pp. 381-387. https://doi.org/10.1590/1806-9282.61.04.381

CROWLEY, S. J., ACEBO, C., CARSKADON, M. A., «Sleep, Circadian Rhythms, and Delayed Phase in Adolescence», *Sleep Medicine* 8 (6), 2007, pp. 602-612. https://doi.org/10.1016/j.sleep.2006.12.002

DEROCHER, A., LUNN, N., STIRLING, I., «Polar Bears in a Warming Climate», *Integrative and Comparative Biology* 44 (2), 2004, pp. 163-176. https://doi.org/10.1093/icb/44.2.163

DITA, M., BARQUERO, M., HECK, D., MIZUBUTI, E., STAVER, C., «Fusarium Wilt of Banana: Current Knowledge on Epidemiology and Research Needs toward Sustainable Disease Management», *Frontiers in Plant Science* 9, 2018, https://doi.org/10.3389/fpls.2018.01468

DITTRICH, C., RÖDEL, M. O., «Drop Dead! Female Mate Avoidance in an Explosively Breeding Frog», *Royal Society Open Science* 10 (10), 2023, 230742. https://doi.org/10.1098/rsos.230742

ELIASSEN, S., JØRGENSEN, C., «Extra-pair Mating and Evolution of Cooperative Neighbourhoods», *PloS One* 9 (7), 2014, e99878. https://doi.org/10.1371/journal.pone.0099878

FROST, P., «European Hair and Eye Color: A Case of Frequency-Dependent Sexual Selection?», *Evolution and Human Behavior* 27, 2006, pp. 85-103. https://doi.org/10.1016/J.EVOLHUMBEHAV.2005.07.002

GRANT-JACOB, J., «Love at First Sight», *Frontiers in Psychology* 7, 2016, https://doi.org/10.3389/fpsyg.2016.01113

GREENE, R. «Embryology of Sexual Structure and Hermaphroditism», *The Journal of Clinical Endocrinology and Metabolism*, 4, 1944, pp. 335-348. https://doi.org/10.1210/JCEM-4-7-335

GRUNSTRA, N., BETTI, L., FISCHER, B., HAEUSLER, M., PAVLICEV, M., STANSFIELD, E., TREVATHAN, W., WEBB, N., WELLS, J., ROSENBERG, K., MITTEROECKER, P., «There is an Obstetrical Dilemma: Misconceptions about the Evolution of Human Childbirth and Pelvic Form», *American Journal of Biological Anthropology* 181 (4), 2023, pp. 535-544. https://doi.org/10.1002/ajpa.24802

HOVING, H. J. T., FERNÁNDEZ-ÁLVAREZ, F. A., PORTNER, E. J. *et al.*, «Same-Sex Sexual Behaviour in an Oceanic Ommastrephid Squid, *Dosidicus Gigas* (Humboldt Squid)». *Mar Biol* 166 (33), 2019. https://doi.org/10.1007/s00227-019-3476-6

HUTCHINSON, J. M. C., GRIFFITH, S. C., «Extra-Pair Paternity in the Skylark Alauda Arvensis», *Ibis* 150 (1), 2008, pp. 90-97. https://doi.org/10.1111/j.1474-919X.2007.00744.x

JARON, K., PARKER, D., ANSELMETTI, Y., VAN, P., BAST, J., DUMAS, Z., FIGUET, E., FRANÇOIS, C., HAYWARD, K., ROSSIER, V., SIMION, P., ROBINSON-RECHAVI, M., GALTIER, N., SCHWANDER, T., «Convergent Consequences Of Parthenogenesis on Stick Insect Genomes», *Science Advances* 8 (8), 2020 https://doi.org/10.1101/2020.11.20.391540

JOHNSON, S., ANDERSON, B., «Coevolution between Food-Rewarding Flowers and their Pollinators», *Evolution: Education and Outreach* 3 (1), 2010, pp. 32-39. https://doi.org/10.1007/s12052-009-0192-6

JORDT, S., JULIUS, D., «Molecular Basis for Species-Specific Sensitivity to "Hot" Chili Peppers», *Cell* 108 (3), 2002, pp. 421-430. https://doi.org/10.1016/S0092-8674(02)00637-2

KEVAN, P., CHITTKA, L. DYER, A., «Limits to the Salience of Ultraviolet: Lessons from Colour Vision in Bees and Birds», *The Journal of Experimental Biology* 204 (14), 2001, pp. 2571-2580.

KOOI, C. J. VAN DER, OLLERTON, J., «The Origins of Flowering Plants and Pollinators», *Science* 368 (6497), 2020, pp. 1306-1308. doi:10.1126/science.aay3662

LEE, Q. Q., OH, J., KRALJ-FISER, S., KUNTNER, M., LI, D., «Emasculation: Gloves-Off Strategy Enhances Eunuch Spider Endurance», *Biology Letters* 8 (5), 2012, pp. 733-735. https://doi.org/10.1098/rsbl.2012.0285

MONK, J. D., GIGLIO, E., KAMATH, A. *et al.*, «An Alternative Hypothesis for the Evolution of Same-Sex Sexual Behaviour in Animals», *Nat Ecol Evol* 3 (12), 2019, pp. 1622-1631. https://doi.org/10.1038/s41559-019-1019-7

MORRIS, D., *The Naked Ape: A Zoologist's Study of The Human Animal*, Jonathan Cape, Londres, 1967.

NICHOLSON, C., «Does "spring fever" exist?», *Scientific American* 298 (4), 2008, p. 116. https://doi.org/10.1038/scientificamerican0408-116

O'CONNELL, L., CREWS, D., «Evolutionary Insights into Sexual Behavior from Whiptail Lizards», *Journal of Experimental Zoology Ecological and Integrative Physiology* 337 (1), 2021, pp. 88-98. https://doi.org/10.1002/jez.2467

OLLERTON, J., WINFREE, R., TARRANT, S., «How Many Flowering Plants are Pollinated by Animals», *Oikos* 120 (3), 2011, pp. 321-326. https://doi.org/10.1111/J.1600-0706.2010.18644.X

PALACIOS, J., MARCHESI, Á., COLL, C. (comp.), *Desarrollo psicológico y educación. 1. Psicología evolutiva*, Alianza Editorial, Madrid, 2014.

PAPALIA, D. E., OLDS, S. W., FELDMAN, R. D., *Psicología del desarrollo. De la infancia a la adolescencia*, McGraw-Hill, México, 2009 (11.ª ed.).

PERIS, D., LU, D. S., KINNEBERG, V. B., METHLIE, I. S., DAHL, M. S., *et al.*, «Large-Scale Fungal Strain Sequencing Unravels the Molecular Diversity in Mating Loci Maintained by Long-Term Balancing Selection», *PLOS Genetics* 18 (3), 2022, e1010097. https://doi.org/10.1371/journal.pgen.1010097

PIERAU, F., SZOLCSÁNYI, J., SANN, H., «The Effect of Capsaicin on Afferent Nerves and Temperature Regulation of Mammals and Birds», *Journal of Thermal Biology* 11 (2), 1986, pp. 95-100. https://doi.org/10.1016/0306-4565(86)90026-4

PLOETZ, R., «Fusarium Wilt of Banana», *Phytopathology* 105 (12), 2015, pp. 1512-1521. https://doi.org/10.1094/PHYTO-04-15-0101-RVW

RAMACHANDRAN, R., MCDANIEL, C., «Parthenogenesis in Birds: A Review», *Reproduction* 155 (6), 2018, R245-R257. https://doi.org/10.1530/REP-17-0728

SANKARARAMAN, S., MALLICK, S., DANNEMANN, M., PRÜFER, K., KELSO, J., PÄÄBO, S., PATTERSON, N., REICH, D., «The Landscape of Neandertal Ancestry in Present-Day Humans», *Nature* 507, 2014, pp. 354-357. https://doi.org/10.1038/nature12961

SCHARF, I., MARTIN, O. Y., «Same-Sex Sexual Behavior in Insects and Arachnids: Prevalence, Causes, and Consequences», *Behav Ecol Sociobiol* 67, 2013, pp. 1719-1730 (2013). https://doi.org/10.1007/s00265-013-1610-x

SCHNEIDER, J., GILBERG, S., FROMHAGE, L., Uhl, G., «Sexual Conflict over Copulation Duration in a Cannibalistic Spider», *Animal Behaviour* 71, 2006, pp. 781-788. https://doi.org/10.1016/j.anbehav.2005.05.012

SIMONS, J., SIMONS, R., MAISTO, S., HAHN, A., WALTERS, K., «Daily Associations Between Alcohol and Sexual Behavior in Young Adults», *Experimental and Clinical Psychopharmacology* 26 (1), 2018, pp. 36-48. https://doi.org/10.1037/pha0000163

SUEUR, J., MACKIE, D., WINDMILL, J., «So Small, So Loud: Extremely High Sound Pressure Level from a Pygmy Aquatic Insect (Corixidae, Micronectinae)», *PLoS One* 6 (6), 2011. https://doi.org/10.1371/journal.pone.0021089

VILAS, R., CEBALLOS, F. C., AL-SOUFI, L., GONZÁLEZ-GARCÍA, R., MORENO, C., MORENO, M., ÁLVAREZ, G., «Is the "Habsburg Jaw" Related to Inbreeding?», *Annals of Human Biology* 46 (7-8), 2019, pp. 553-561. https://doi.org/10.1080/03014460.2019.1687752

WARNER, M., MIKHEYEV, A., LINKSVAYER, T., «Genomic Signature of Kin Selection in an Ant with Obligately Sterile Workers», *Molecular Biology and Evolution* 34 (7), 2016, pp. 1780 - 1787. https://doi.org/10.1093/molbev/msx123

WEI, Y., YANG, C., ZHAO, Z., «Viable Offspring Derived from Single Unfertilized Mammalian Oocytes», *Proceedings of the National Academy of Sciences of the United States of America* 119 (12), 2022. https://doi.org/10.1073/pnas.2115248119

WITTMAN, A., WALL, L., «The Evolutionary Origins of Obstructed Labor: Bipedalism, Encephalization, and the Human Obstetric Dilemma», *Obstetrical & Gynecological Survey* 62 (11), 2007, pp. 739-748. https://doi.org/10.1097/01.ogx.0000286584.04310.5c

ZSOK, F., HAUCKE, M., WIT, C., BARELDS, D., «What Kind of Love is Love at First Sight? An Empirical Investigation», *Personal Relationships* 24 (4), 2017, pp. 869-885. https://doi.org/10.1111/pere.12218